Carl, Ria & Daniel의
멕시코 자동차 여행 일기

Carl, Ria & Daniel의 멕시코 자동차 여행 일기

글 80세 한국 젊은이 안광용

Carl, Ria & Daniel's Mexico Road Trip

Murrieta, California ↔ Cancún, Mexico   5,863 miles (9,434 km) Over 24 days

August 2nd ▶ 25th, 2025

JINMYONG PUBLISHERS, INC.
www.jinmyong.com

로스앤젤레스
Los Angeles
뮤리에타
샌디에이고
티후아나
엔세나다
Ensenada
메히칼리
Mexicali
애리조나 주
피닉스
Phoenix
투손
Tucson
TOHONO O'ODHAM NATION RESERVATION
시에라 비스타
Sierra Vista
푸에르토페냐스코
길라 국유림
Gila National Forest
뉴멕시코
로즈웰
Roswell
칼즈배드
Carlsbad
시우다드 후아레스
Juárez
바하칼리포르니아
Valle de los Cirios
게레로네그로
비즈카
이노 고래 보호 지역
Reserva de la Biósfera El Vizcaíno
소노라
에르모시요
Hermosillo
치와와
치와와
Chihuahua
Ciudad Cuauhtemoc
카마르고
Camargo
시우다드오브레곤
Ciudad Obregón
Parral
로레토
Loreto
로스모치스
Los Mochis
Guasave
시날로아
두랑고
토레
Torre
시우다드콘스티투시온
라파스
Todos Santos
카보산루카스
Cabo San Lucas
두랑고
Victoria de Durango
마사틀란
멕
나야리트
테픽
Tepic
Sayulita
과달라하라
할리스코 주
태 평 양
콜리마
가는 길
오는 길

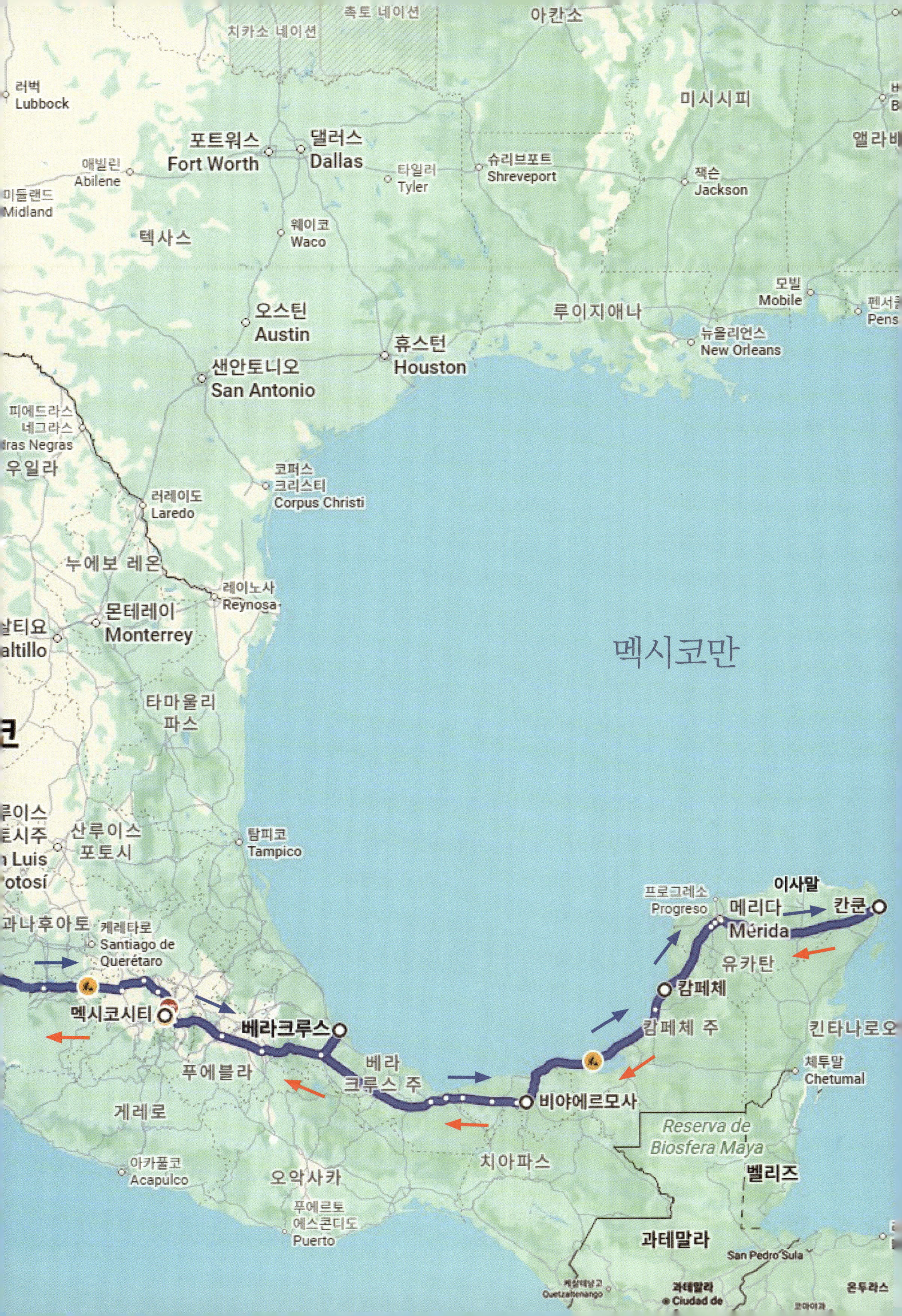
러벅
Lubbock
포트워스
Fort Worth
댈러스
Dallas
타일러
Tyler
슈리브포트
Shreveport
잭슨
Jackson
미시시피
애빌린
Abilene
미들랜드
Midland
텍사스
웨이코
Waco
오스틴
Austin
샌안토니오
San Antonio
휴스턴
Houston
루이지애나
모빌
Mobile
펜서콜
Pens
뉴올리언스
New Orleans
앨라바
피에드라스
네그라스
ras Negras
우일라
코퍼스
크리스티
Corpus Christi
누에보 레온
레이노사
Reynosa
알티요
altillo
몬테레이
Monterrey
멕시코만
타마울리
파스
루이스
토시주
n Luis
산루이스
포토시
otosí
탐피코
Tampico
과나후아토
케레타로
Santiago de
Querétaro
프로그레소
Progreso
메리다
Mérida
이사말
칸쿤
멕시코시티
베라크루스
베라
크루스 주
유카탄
캄페체
캄페체 주
킨타나로오
체투말
Chetumal
푸에블라
게레로
비야에르모사
Reserva de
Biosfera Maya
벨리즈
아카풀코
Acapulco
오악사카
치아파스
푸에르토
에스콘디도
Puerto
과테말라
San Pedro Sula
온두라스
Quetzaltenango
과테말라
Ciudad de

초록, 하양, 빨강의 나라! **멕시코**(정식 명칭은 멕시코 합중국, United Mexican States)는 북아메리카 남부에 위치해 있으며 인구 수 약 1억 3,194만 7천 명(2025년)으로 세계 10위이다. 과거 스페인의 식민지였기 때문에 스페인어를 공용어로 사용하며, 북쪽으로는 미국, 동쪽으로는 멕시코만과 카리브해, 서쪽으로는 태평양, 남쪽으로는 **과테말라**(Guatemala)와 **벨리즈**(Belize)와 국경을 접하고 있다.

북부(고온건조)와 남부(고온다습)의 기후가 다르며 아열대 및 열대의 자연, 늪지대, 산맥, 사막, 밀림, 고원 등 다채로운 환경을 가지고 있다. 소노라 사막(Sonoran Desert) 지역에서는 50˚C를 넘는 기온이 기록되기도 하며 일교차도 심하다.

인구의 80% 정도가 가톨릭 신자이며 종교와 축제, 음악 등이 어우러진 특색있는 문화를 가지고 있다. 매년 10월 31일~11월 2일에 열리는 유명한 전통 축제 '망자의 날'(Día de los Muertos 디아 데 로스 무에르토스)은 해골 분장과 특유의 장식, 조상숭배와 대가족 중심의 축제 분위기로 멕시코만의 특징과 매력을 한껏 발산한다.

세계적으로 유명한 멕시코 음식으로는 **타코**(taco), **부리토**(burrito), **케사디야**(quesadilla), **파히타**(fajita) 등이 있고, 예술가로는 부부 화가 **디에고 리베라**(Diego Rivera), **프리다 칼로**(Frida Kahlo) 등이 손꼽힌다.

멕시코의 주는 31개의 주(Estado)와 주에 준하는 연방구인 **멕시코시티**로 구성되어 있다. 멕시코의 31개 주와 연방구는 다음과 같다.

멕시코의 31개 주와 1개 연방구(멕시코시티)

번호	주	주도	면적(km²)	인구(2010년 기준)
1	아과스칼리엔테스주 (Aguascalientes)	아과스칼리엔테스	5,618	1,184,996
2	바하칼리포르니아주 (Baja California)	멕시칼리	71,446	3,155,070
3	바하칼리포르니아수르주 (Baja California Sur)	라파스	73,922	637,026
4	캄페체주 (Campeche)	캄페체	57,924	822,441
5	치아파스주 (Chiapas)	툭스틀라구티에레스	73,289	4,796,580
6	치와와주 (Chihuahua)	치와와	247,455	3,406,465
7	코아우일라주 (Coahuila)	살티요	151,563	2,748,391
8	콜리마주 (Colima)	콜리마	5,625	650,555
9	두랑고주 (Durango)	두랑고	123,451	1,632,934
10	과나후아토주 (Guanajuato)	과나후아토	30,608	5,486,372
11	게레로주 (Guerrero)	칠판싱고	63,621	3,388,768
12	이달고주 (Hidalgo)	파추카	20,846	2,665,018
13	할리스코주 (Jalisco)	과달라하라	78,599	7,350,682
14	멕시코주 (México)	톨루카	22,357	15,175,862
15	미초아칸주 (Michoacán)	모렐리아	58,643	4,351,037
16	모렐로스주 (Morelos)	쿠에르나바카	4,893	1,777,227
17	나야리트주 (Nayarit)	테픽	27,815	1,084,979
18	누에보레온주 (Nuevo León)	몬테레이	64,220	4,653,458
19	오악사카주 (Oaxaca)	오악사카	93,793	3,801,962
20	푸에블라주 (Puebla)	푸에블라	34,290	5,779,829
21	케레타로주 (Querétaro)	케레타로	11,684	1,827,937
22	킨타나로오주 (Quintana Roo)	체투말	42,361	1,325,578
23	산루이스포토시주 (San Luis Potosí)	산루이스포토시	60,983	2,585,518
24	시날로아주 (Sinaloa)	쿨리아칸	57,377	2,767,761
25	소노라주 (Sonora)	에르모시요	179,503	2,662,480
26	타바스코주 (Tabasco)	비야에르모사	24,738	2,238,603
27	타마울리파스주 (Tamaulipas)	시우다드빅토리아	80,175	3,268,554
28	틀락스칼라주 (Tlaxcala)	틀락스칼라	3,991	1,169,936
29	베라크루스주 (Veracruz)	할라파	71,820	7,643,194
30	유카탄주 (Yucatán)	메리다	39,612	1,955,577
31	사카테카스주 (Zacatecas)	사카테카스	75,539	1,490,668
	멕시코시티 (연방구)	멕시코시티	1,485	8,720,916

Dad, you're UNSTOPPABLE!

Happy 80th birthday year!

You did it, bravo, driving across Mexico. Congratulations! I enjoyed receiving Kakao messages from different cities across Mexico, knowing that you're safe during your trip.

Photo credit: Jean-Bernard Villareal

We thought it was kind of dangerous, but deep down knew that you would make it. You have lived your life, with lots of adventures and we applaud you for doing so.

We share a lot of your DNA: the passion for adventures, travels, languages, and books. We enjoyed our long and adventurous musical career too, still having fun recording and performing living composers' music. Pursuing one's passion is such a blessing and we are so grateful.

Wishing you to complete many more lists on your bucket list, live a long happy and healthy life full of love and laughter!

From NY, Ahn Trio.

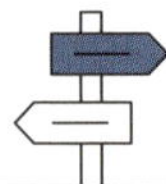

아빠는 못 말려!

80세 생일을 축하해요!

멕시코 자동차 횡단 여행을 결국은 해냈군요. 축하해요! 매일 카카오톡을 보면서 아빠가 어디를 잘 갔나 소식을 받는 게 기뻤어요.

아빠는 항상 모험심이 엄청 많고 그렇게 하고 싶은 것을 하면서 사는 점을 우리는 박수치고 응원했어요.

우리도 아빠 피를 물려받아서 모험심도 많고 전 세계로 연주 여행을 다녔었죠. 그래서 많은 연주와 음반들을 만들었고, 아직도 즐겁게 현대 음악 또 실험 음악을 연주하고 있어요. 음악을 하든 여행을 하든 자신이 하고 싶은 것을 하면서 살 수 있는 게 얼마나 소중하고 큰 행복인지 복을 많이 받은 거라 감사해 하면서 살고 있지요.

아빠 또한 계속해서 버킷 리스트를 실천하면서 건강하고 행복하게 그리고 많이 웃고 사랑하면서 살기를 바래요!

뉴욕에서, 안 트리오

안 트리오 (Ahn Trio)

한국 출신의 쌍둥이 루시아 안(Lucia Ahn)과 마리아 안(Maria Ahn) 그리고 두 살 어린 동생 안젤라 안(Angella Ahn)으로 구성된 실내악단으로 루시아는 피아노, 마리아는 첼로, 안젤라는 바이올린을 연주한다.
세 명 모두 줄리아드 음대를 졸업, 미국 무대를 중심으로 클래식뿐 아니라 재즈, 탱고, 록 음악 등을 폭넓게 재편곡하여 연주하며 다양한 장르를 넘나드는 크로스오버 연주와 세계적인 아티스트들과의 협업으로 클래식 음악의 경계를 확장시켰다는 평가를 받는다.

1987년 『TIME』지의 커버스토리에 "미국의 아시아계 천재 소녀들"로 소개
2003년 『People』지의 '아름다운 50인'에 선정
2011년 미국 오바마 대통령 초청으로 백악관에서 연주
현재까지 왕성한 연주 활동과 미국 대학에서 교수로 후학을 양성하며 각자의 길을 걷고 있다.

굴곡 없는 인생이 어디 있을까
— 나의 버킷 리스트를 마감하며

나는 이른 나이에 꽤 많은 것을 이루었다. 20대 때 부모님으로부터 서적판매업(진명서림)을 물려받았고 이를 잘 키워서 국내 제일의 도매상으로 성장시켰다.

자연스럽게 돈이 따랐고, 체력도 자신 있었고, 인생의 풍류를 아는 취향과 감각도 있었다. Teenager 시절부터 모든 분야에 만능인 **John F. Kennedy** 대통령을 좋아했고 classical music을 사랑했으며 **golf**와 **yacht**의 재미에 푹 빠져 동호인들과 소형 요트를 제작하여 한강과 팔당호를 누비기도 했다.

잘 나가던 내 인생에 빨간불이 켜진 것은 사업이 어려워지면서부터였다. 다행히 부도 직전에 **박정희 대통령**의 8·3 사채 동결 조치(1972년)로 회사는 기사회생되어 잘 나갔으나 1980년 **전두환 대통령**의 과외 금지와 본고사 폐지의 후폭풍은 피할 수가 없었다.

결국 부도가 나서 잠시 수감생활을 했고 빈털터리가 되었으며 이 과정에서 생을 마감하려는 시도도 두 차례나 했었다.

엎친 데 덮친 격으로 만성 활동성 B형 간염, 뇌막염, 장티푸스 등 불치병을 앓아 신촌 세브란스 병실을 내 집처럼 드나드는 고통의 시간들도 보냈다.

그렇게 어려운 시절을 버텨온 40대의 나에게 다시 봄이 찾아왔다. 1980년대 후반에 제2외국어 교재(특히 일본어, 중국어)의 붐이 **88 서울올림픽** 전에 일어나면서 회사는 재기에 성공, 순풍에 돛을 단 듯 순항을 하게 되었다.

Where is the life with no ups and downs?

— As I close the final chapter of my bucket list

I achieved quite a lot at a young age. In my twenties, I inherited a bookstore distribution business (Jinmyeong Books) from my parents and grew it into the largest wholesale distributor in Korea.

With success came financial comfort, confidence in my physical strength, and a taste for enjoying life. Since my teenage years, I admired President **John F. Kennedy**, the ultimate Renaissance man, and I loved classical music. I also fell deep into the world of **golf** and **sailing**, even building small **yachts** with fellow enthusiasts and exploring the Han River and Paldang Lake.

This golden age of my life started to fade when business difficulties first began. As I was right on the brink of bankruptcy, **President Park Chung-hee**'s emergency policy in 1972, which froze interest payments on private loans, saved my company and gave us another chance. Things went well for a while, but the aftermath of **President Chun Doo-hwan**'s ban on private tutoring and the abolishment of the national college entrance exam in the 1980s dealt another serious blow.

Eventually, the company went bankrupt. I spent time in detention, lost everything, and in my darkest moments, even attempted to end my life ... twice. As if that weren't enough, I battled chronic active hepatitis B, meningitis, typhoid, and other fatal illnesses. I became so familiar with a room in Sinchon's Severance Hospital that it felt like my second home.

But just when I thought everything had collapsed, spring returned to my life in my 40s. In the late 1980s, just before the **Seoul Olympics**, demand for second-language learning, especially Japanese and Chinese, exploded. The company revived and began sailing forward again with full wind in its sails.

인생의 저점과 고점을 오가며 roller coaster를 맛본 나는, 삶을 보다 관조적으로 바라보게 되었고 **인생의 의미가 어떤 대단한 것이 아니라 진정으로 좋아하는 일들을 하면서 느끼는 순간의 행복에 있음을 알게 되었다.** 바로 그때부터 '나만의 **bucket list**'를 만들어 하나씩 실천해 나가기 시작했다. 그 리스트에는 "요트로 단독 태평양 항해 횡단", "골프 handicap을 7에서 0으로!, 스크래치 골퍼(핸디캡이 0인 골퍼)가 되는 것" 등이 채워졌다.

내 나이 55세가 되던 2000년도에 과감하게 회사 일을 직원들한테 맡기고 미국으로 골프, 요트, 영어 유학을 떠났다. California주 San Diego 근처의 Murrieta 도시에 있는 **골프 대학 PGCC(Professional Golfers Career College)**에 입학하여 오전에는 영어 수업, 오후에는 골프장 수업을 받고, 주말에는 San Diego Yacht School에 가서 열심히 공부를 했다. 하지만 열정이 마르기도 전에 또 다시 찾아온 허리 디스크 협착증으로 그 좋아하는 골프와 요트를 손에서 놓아야만 했다. 그래서 너무나 아쉽고 안타까운 마음으로 버킷 리스트를 수정한 것이, 바로 "자동차로 Alaska(미국)부터 Chile(남미)까지 태평양 연안의 도시들을 road trip하는 것"이었다.

그리하여 77세가 되던 2022년에 1차로 미국의 알래스카부터 뮤리에타 구간을 완성했고, 올해 2025년에 2차로 미국 뮤리에타에서부터 **멕시코 Cancún** 구간을 완성했다. 나에게 벅찬 순간이 아닐 수 없다.

하지만 나의 버킷 리스트는 여전히 진행 중이라고 생각한다. 나는 일상이든 여행지이든 세상에 존재하는 크고 작은 모험들을 사랑하고, 도전 자체에서 희열을 느낀다.

혹시 무언가를 망설이고 있는 사람들(특히 젊은이들)이 있다면, 그들에게 나의 용기 어린 마음이 닿기를 간절히 바라본다.

2026년 새 봄을 기다리며,

Carl, **안광용**

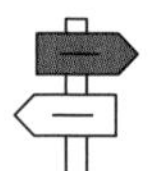

After experiencing the highest peaks and deepest valleys of life—the full roller coaster—I began seeing life with clearer perspective. **I realized that the meaning of life isn't found in grand achievements, but in moments of joy while doing the things you truly love.** That realization led me to create my own bucket list, and I gradually begin crossing off items one by one. On that list were things like: "Sail across the Pacific Ocean alone," "Lower my golf handicap from 7 to 0 and become a scratch golfer."

In the year 2000, when I turned 55, I boldly handed over the company to my employees and left for the United States to study golf, sailing, and English. I enrolled at **PGCC (Professional Golfers Career College)** in Murrieta, California. Mornings were English classes, afternoons were golf at the course, and on weekends I would drive to San Diego Yacht School to continue studying. But before my passion could run its full course, spinal stenosis and a disc injury forced me to give up both golf and sailing—the two things I loved most. With regret but also resolve, I rewrote my bucket list: "Travel by car from Alaska to Chile, visiting every possible city along the Pacific coastline."

And so I did. In 2022, at age 77, I completed the first phase: Alaska to Murrieta. This year, in 2025, I completed the second: Murrieta to **Cancún, Mexico**. They were unforgettable and deeply emotional moments for me.

My bucket list is still ongoing. Whether at home or abroad, I love adventure, big or small, and I find joy in the challenge itself.

If anyone out there—especially young people—is hesitating to chase what they want, I sincerely hope my story gives them courage.

Waiting for the spring,

Carl Kwangyong Ahn

80세 한국 젊은이의
여행이 시작됩니다!

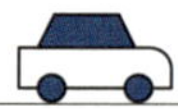

To

Angella Kim, *my wife*
Ahn Trio, *my daughters*
Blue Daniel June Loos, *my grandson*
Kim Jin Woo, *my great-grandson*
and
Young Koreans who have dreams

사랑하는 아내 안젤라,
딸들 안 트리오,
손자 블루,
증손자 진우
그리고
꿈을 가진 한국의 젊은이들에게!

아침 6시 30분. 이제부터 시작이다!

오늘은 미국 캘리포니아주 **뮤리에타**(Murrieta) 내 집에서 출발하여 **샌디에이고**(San Diego)를 거쳐 멕시코의 **티후아나**(Tijuana)로 들어가는 일정이다. 티후아나는 라틴 아메리카의 최북단에 있는 국경 도시로 미국 캘리포니아주와 멕시코가 맞닿은 곳에 위치한다. '라틴 아메리카의 골목'이라고 불릴 정도로 색다른 라틴 아메리카 문화를 만나는 첫 입구이기도 하고 저렴한 물가와 자유로운 분위기 때문에 번화한 미국을 벗어나 살짝 뒷골목으로 들어가는 듯한 느낌을 주어 붙여진 애칭이라고도 한다.

이처럼 도시가 갖고 있는 특성과 이미지에 얽힌 이야기는 언제나 재미있다! 원래 미국의 샌디에이고와 동일한 하나의 도시였으나 '**멕시코-미국 전쟁**(Mexican-American War, 1846 - 1848)' 이후에 도시가 둘로 쪼개져 멕시코로 편입되었다고 한다.

티후아나는 낙후된 산동네가 많고, 사람과 교통이 복잡하고(계속 빵빵거리는 경적 소리), 잘 정비되어 있지 않은 것이 마치 한국의 1960~70년대의 모습을 보는 것 같았다. 그러고 보면, 불과 70년도 지나지 않아 지금의 눈부신 발전을 이룬 우리나라가 새삼 대단하다는 생각이 들었고, 지척에 있는 미국과의 엄청난 경제적 차이를 생각하니 씁쓸한 기분도 들었다.

그곳에서 나의 멕시칸 친구인 **아르만도**(Armando), **소냐**(Sonia), **빅토르**(Victor)로부터 **호세 루이스**(Jose Luis)라는 친구를 소개받았다. 그는 나의 이번 여행의 가이드이자 동반자가 되어줄 것이다. 한눈에 봐도 좋은 인상과 순수한 느낌이 들어 마음이 편안해졌다. 여행 도중에 생길지 모르는 자동차 수리에 대비하여 스페어 타이어와 공구 등을 함께 구입했다.

📍 뮤리에타 ⇒ 샌디에이고 ⇒ 티후아나
163 km

Murrieta ⇒ San Diego ⇒ Tijuana
101 miles (163 km)

© Antipus/wikimedia

멕시코 Baja California주 티후아나에 위치한 티후아나 멕시코 성전. 예수 그리스도 후기 성도 교회(Mormonism).

"Have a great trip!"(farewell party)

(왼쪽부터) Jose, Victor, Victor's wife, Sonia, Armando & Carl

티후아나의 몇 안 되는 한국 식당
주인 한 사람이 열 일 하는 곳

그家네
KOREAN
Coca-Cola
Metalfrio

본격적인 여행의 시작이다!

아침 6시에 눈을 떴다. 이번 여행에도 반려견들—서울에서 데려온 '**리아**(Ria, 3세)'와 미국 집에 있는 '**다니엘**(Daniel, 4세)'—이 함께한다. 지난 알래스카 road trip 때는 '준(June, 6세)'과 함께했는데 더없이 행복하고 의지가 되었다. 아이들아, 이번에도 잘 부탁한다!

리아와 다니엘의 화장실 용무 겸 산책을 마치고 호텔 조식을 먹은 뒤 길을 떠날 채비를 했다.

티후아나 도시를 빠져나가니 바로 사막 산악지대가 시작되었다. 눈에 띄게 차량 통행도 적어졌다. 운전대를 잡은 호세가 고속도로를 30분쯤 달리다가 별안간 국도 옆길 비포장도로로 빠진다. 요동치는 차 속에서 나는 통역기 앱으로 "Where are you going?(어디로 가는 거야)"이라고 물으니, **호세**는 멀지 않은 곳에 돌로 만든 유명한 고성이 있다고 나에게 보여주고 싶단다. 그 마음은 고맙지만, 길을 몰라 여기저기 헤매는 인상을 받았다. 험난한 산길에 인적도 드문데, 강도라도 만나면 어쩌지? (여행 시작 전에 '모든' 사람들이 멕시코의 치안 문제로 내 여행을 뜯어말렸었다.) 타이어가 펑크라도 나면 어쩌지? 슬슬 걱정이 되기 시작했다. 걱정이 되어도 말이 통하지 않으니 (호세는 스페인어'만' 할 수 있고 나는 스페인어를 할 수 없으니 답답할 수밖에!) 제대로 의사 표현을 할 수가 없다.

결국, 고성은 찾지 못했다. 대신 돌산에서 사진을 몇 장 찍는 것으로 아쉬움을 달래고, 다시 국도로 돌아와 쉼 없이 달리기 시작했다. 별 탈 없이 첫 고비를 넘긴 것 같아 그저 감사가 흘러나왔다.

📍티후아나 ⇒ 푸에르토페냐스코
542 km

Tijuana ⇒ Puerto Peñasco
337 miles (542 km)

© Marco Daniel Guzman/viajabonito

푸에르토페냐스코 해변. 피나카테(Pinacate) 보호구역과 제단 사막을 방문할 수 있는 유일한 입구.

리조트 입구

돌산에 올라가서

←

"푸에르토페냐스코에 오신 것을 환영합니다."라는
글이 맞이한다.

첫째 날 101 miles, 둘째 날 337 miles에 비해 오늘은 442 miles로 좀 길게 달렸다. 꽤 험한 산악지대인데도 터널이 없다는 것이 한국과 다른 점이라고 생각됐다. 중간중간마다 경찰 검문소가 많고 얼마나 꼼꼼하게 수색을 하는지 호주머니 안에 먼지까지 다 뒤집어볼 기세다. 외국 고급 자동차가 거의 없어서 내 차(BMW SUV)가 눈에 띄는 것 같아 신경이 쓰이기도 했다.

시우다드오브레곤(Ciudad Obregón)은 소노라주에서 두 번째로 큰 도시라고 하는데 내게는 작은 시골 마을처럼 보였다. 낮에는 해가 불볕인데다가 (일 평균 기온 38.4℃) 습도도 높아 숨이 막힐 것 같았다.

멕시코에서는 돈을 표시할 때 미국의 달러 기호($)와 동일하게 쓰고 'peso'라고 읽는다는 점이 흥미로웠다. 사람들은 가난해도 표정이 풍부하고 많이 웃는다는 사실도 눈에 들어왔다. 살아보니 어떤 상황 속에서도 불평하려고 하면 끝이 없고, 받아들이면 모든 것이 쉽게 흘러가고 마음에 여유도 들어온다. 찰나의 강렬함이 아니라 지속적이고도 소박한 행복… 멕시코와 멕시코의 사람들이 내게 그러한 느낌을 준다.

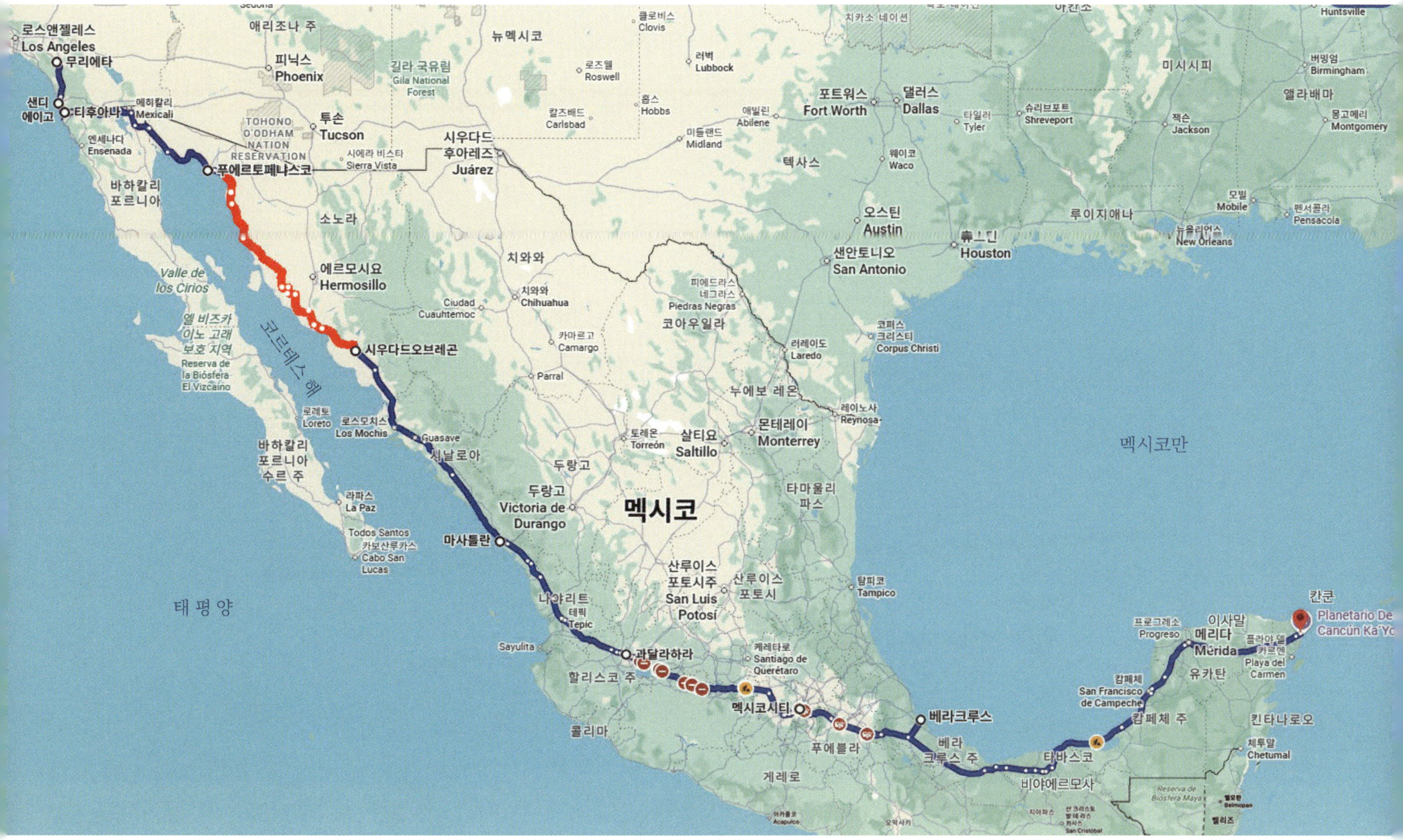

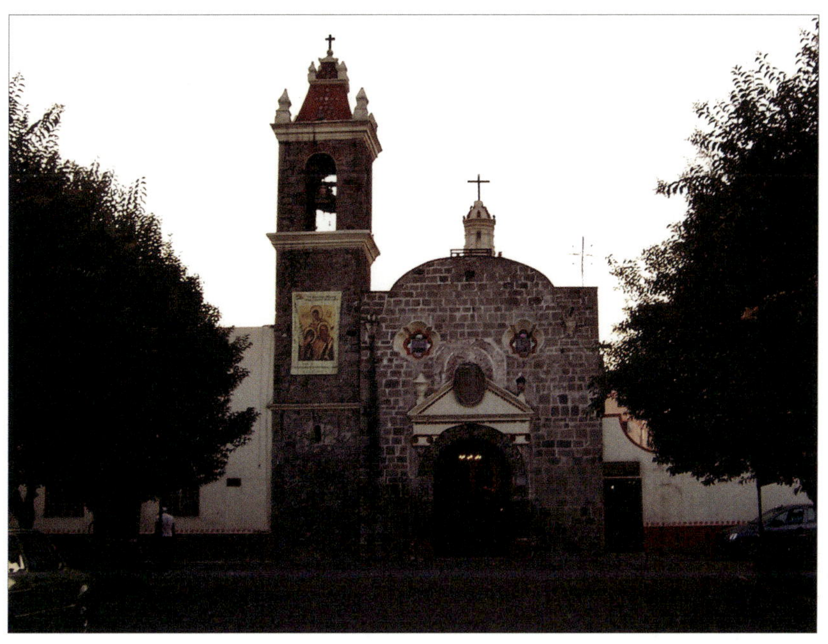

푸에르토페냐스코 ⇒ 시우다드오브레곤
711 km

Puerto Peñasco ⇒ Ciudad Obregón
442 miles (711 km)

© Álbum 0963 eltb/flickr

시우다드오브레곤에 있는 산타마리아 노노알코 승천교회(Assumption Church of St. Mary in Nonoalco).

소노라(Sonora)주의 시우다드오브레곤 외곽에 위치한 Providencia 지역의 100주년을 기념하는 문

고생한 흙발

오늘은 거리를 좀 짧게 잡아서인지, 아침에 일어나면서부터 마음이 한결 가벼웠다.

오늘의 목적지는 **마사틀란**(Mazatlán). 얼마 전 캐나다에 사는 지인이 '캐나다와 미국인들이 자주 가는 hot place 휴양지'라고 알려줘서 궁금하던 차였다. 멕시코의 휴양지는 **칸쿤**(Cancún)이 독보적인 줄 알았는데, 요즘은 마사틀란, 로스카보스(Los Cabos), 푸에르토 바야르타(Puerto Vallarta), 바칼라르(Bacalar) 등 새롭게 각광을 받는 곳이 많다고 한다.

늦은 점심으로 스시(Sushi)를 먹었다. 길을 떠날 때는 멕시코의 다양한 현지 음식을 먹어봐야겠다고 다짐하지만 막상 끼니때가 되면 내 영혼과 위장이 한식을 갈망한다. 스시는 한식 대신으로 타협하는 꿩 대신 닭인 셈.

신(新)마사틀란 도시는 맑고 짙푸른 해변, 풍부한 역사와 문화를 간직한 '태평양의 숨겨진 진주'라고 한다. 혹자는 소박한 느낌의 하와이 같다고도 한다.

역시나 창밖으로 보이는 경치가 끝내준다. 부산 해운대가 떠오르는데 규모는 훨씬 크고 인파는 적다. 바람이 많이 불고 파도가 세차서 바다에는 못 들어갔고 **리아**, **다니엘**, **호세**와 함께 해변가를 따라 고즈넉한 산책을 즐겼다. 수평선 위로 사그라드는 붉은 석양이 무척이나 아름다웠다.

시우다드오브레곤 ⇒ 마사틀란
628 km

Ciudad Obregón ⇒ Mazatlán
390 miles (628 km)

멕시코 시날로아주 마사틀란시의 주요 종교 건물인 원죄 없는 잉태 대성당(Catedral Basílica de la Inmaculada Concepción).

ⓒ 기도해/flickr

en el palmar la vida
es mas sabrosa

마사틀란(Mazatlán)에는 'Catedral Basílica de Mazatlán(카테드랄 바실리카 데 마사틀란)'이라는 유명한 대성당이 있다. 마사틀란을 대표하는 landmark로 빼어난 고딕 양식, 형형색색의 stained glass 창문이 아름답다. 이른 아침 내가 찾아갔을 때는 문이 열려 있었고 한창 미사가 진행되고 있었다. Catholic 신자인 나는 미사에 참례하고 싶은 마음이 간절했지만, 일정이 빠듯하여 마음속으로만 기도를 올리고 발걸음을 재촉했다.

과달라하라(Guadalajara)로 가는 동안은 수많은 경찰 검문소와 tollgate를 지나느라 몸과 마음이 지쳐갔다. 자주 나타나는 경찰 검문소는 필요 이상의 긴장감을 주었고, 직접 선불로 현금을 내야 하는 톨게이트의 연속은 번거로울 뿐만 아니라 교통체증을 유발하고 짜증까지 나게 했다.

과달라하라는 멕시코 제2의 도시로 해발 1,550 미터에 위치한다. 이는 Canada의 이름난 Rocky산 관광지 **밴프**(Banff)와 비슷하고 한국으로 치면 태백산 정상과 비슷하다. 요 며칠 태평양 연안 멕시코의 서해안을 쭉 달려왔다면 내일부터는 멕시코의 수도 **멕시코시티**(Mexico City)를 향해서 내륙 쪽을 달려나갈 예정이다.

멕시코시티에서 허태완 대사, 박재일 영사, 사업가 신왕식 후배를 만날 생각을 하니 벌써부터 기분이 좋다. 인생은 소중한 만남들의 연속이고, 특히 여행 중의 만남은 더욱 깊은 이해와 공감을 자아내며 낯선 환경에 새로운 시각을 주는 것 같다. 여행을 사랑하지 않을 수 없는 이유다.

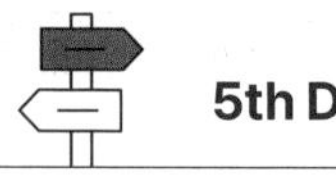

5th Day

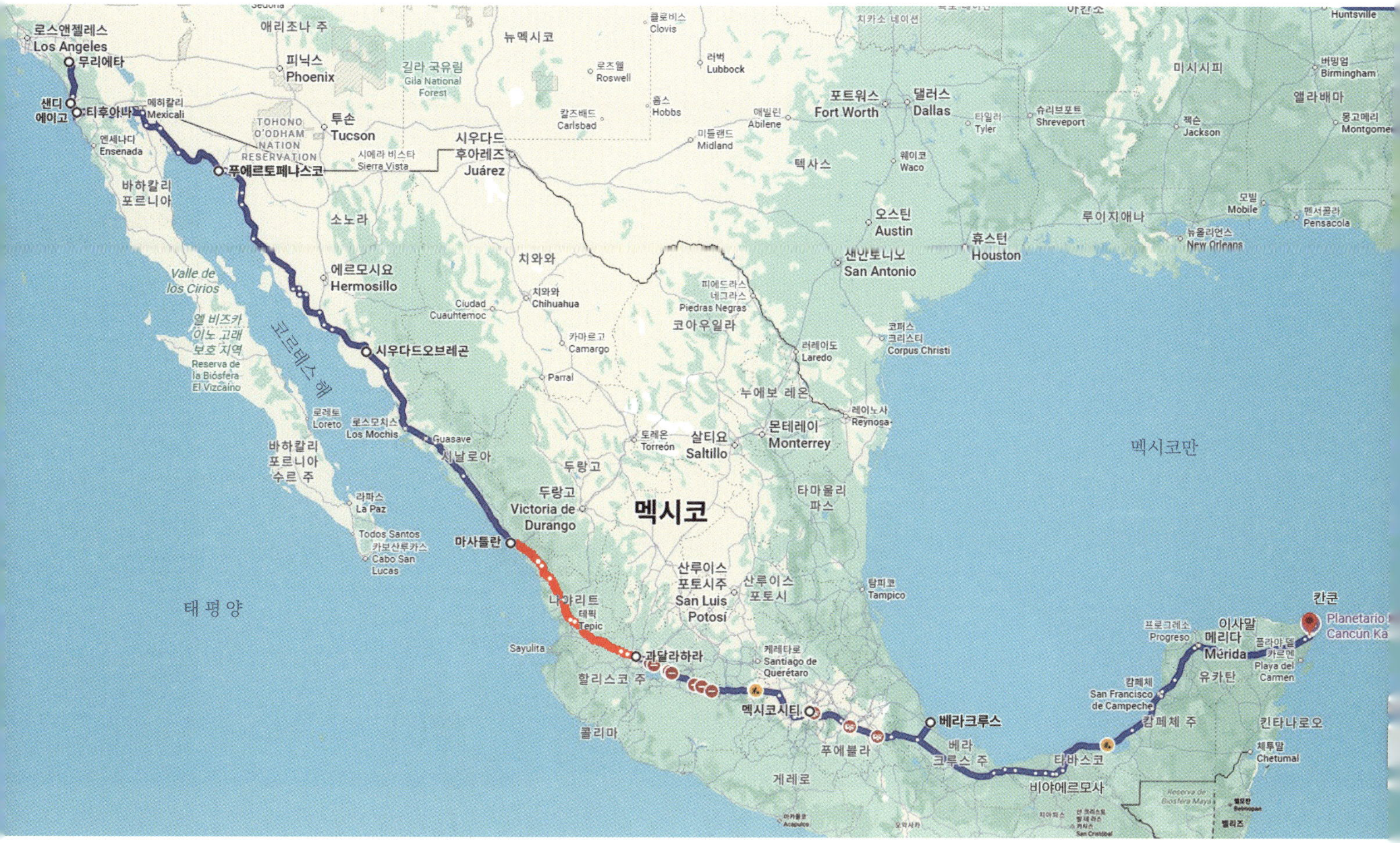

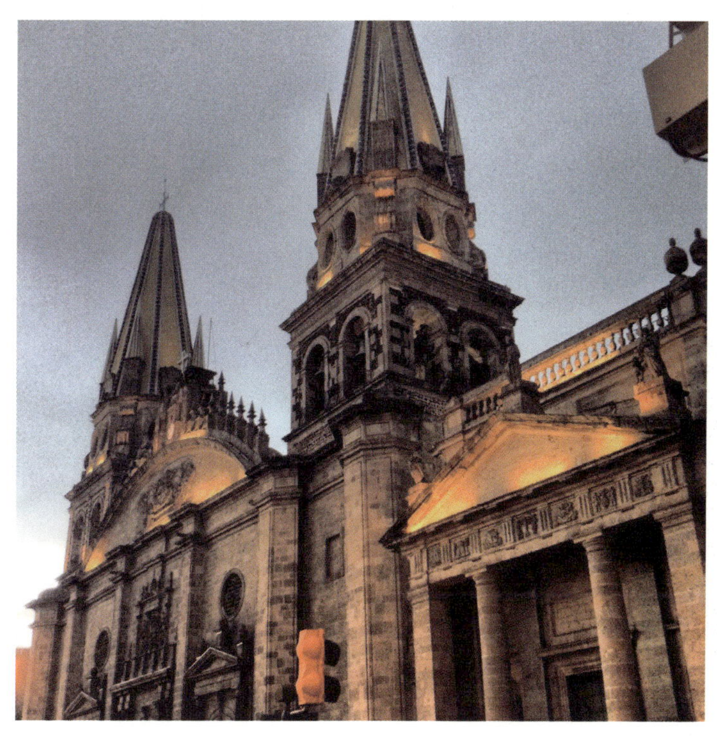

마사틀란 ⇒ 과달라하라
484 km

Mazatlán ⇒ Guadalajara
301 miles (484 km)

멕시코 Jalisco주 과달라하라에 위치한 성모승천 대성당(Catedral de la Asunción de María Santísima).

© Oscar García Arrezola/wikimedia

"오늘 하루도 함께 수고가 많았다!"

할리스코주 과달라하라 역사 지구 중심부에 위치한
할리스코 위인들의 원형 기념비 앞에서

나야리트(Nayarit)주의 주도인
테픽(Tepic)의 대성당 앞에서

테픽 대성당 안에서 기도

그동안 산악 사막지대를 4일, 해안가 길을 2일 운전해 왔고 오늘부터는 계속 산악지대를 올라가 멕시코의 수도 **멕시코시티**(Mexico City, Ciudad de México)에 입성한다. 한 나라의 수도에 들어간다고 생각하니 기대감이 생기고 묘한 안도감이 든다.

멕시코시티는 북중미에서 가장 인구가 많고(2025년 기준 광역권 포함하여 대략 22,752,400명), 세계적으로 잘 정비된 대도시 중 하나이다. 규모에 있어서는 미국 뉴욕의 도시권과 맞먹는다. 또 한 가지 특이한 점은 해발 2,240 미터 고지대에 위치한다는 점. 이는 제주 한라산 정상보다도 높아서 폐활량이 많이 요구되는 스포츠 선수들이 이곳으로 전지훈련을 오는 이유가 된다.

오늘 늦은 밤 L.A.행 비행기를 타는 신왕식 후배는 어렵게 시간을 내어 나를 자신의 사무실로 초대했다. 차가 얼마나 막히는지 겨우 시간에 맞추어 도착한 나는 반갑게 인사를 나눈 뒤, 그가 예약해 놓은 한국 식당 '**우연**'이라는 곳에서 모처럼 푸짐하게 한식 상차림으로 대접을 받았다. 이 식당뿐 아니라 멕시코의 많은 호텔과 식당이 개의 출입을 허용하는(Dog-friendly restaurants 등) 점이 마음에 들었다. **리아**와 **다니엘**도 식탁 밑에서 얌전하게 쉴 수 있었다. 신 후배와 멕시코의 경제와 정치, 동문들의 근황 이야기를 나누며 즐거운 시간을 보냈다.

오는 길에 큰 대로변에서 엄청나게 긴 인파의 행렬을 보았다. 물어보니 성모 마리아를 참배하러 톨루카(Toluca)에서 멕시코시티의 성당까지 무려 약 200 km를 걸어서 행진하는 중이라고 한다. 얼마나 놀라운지! 이곳이 거대한 가톨릭의 나라임을, 신앙심으로 하나 되는 경건의 땅이라는 깨달음에 나도 모르게 그들을 향해 성호를 그었다. 예배란 우리가 신께 무엇을 드리는 것이 아니라, 우리가 어떤 마음으로 사는가에 있는 것 같다.

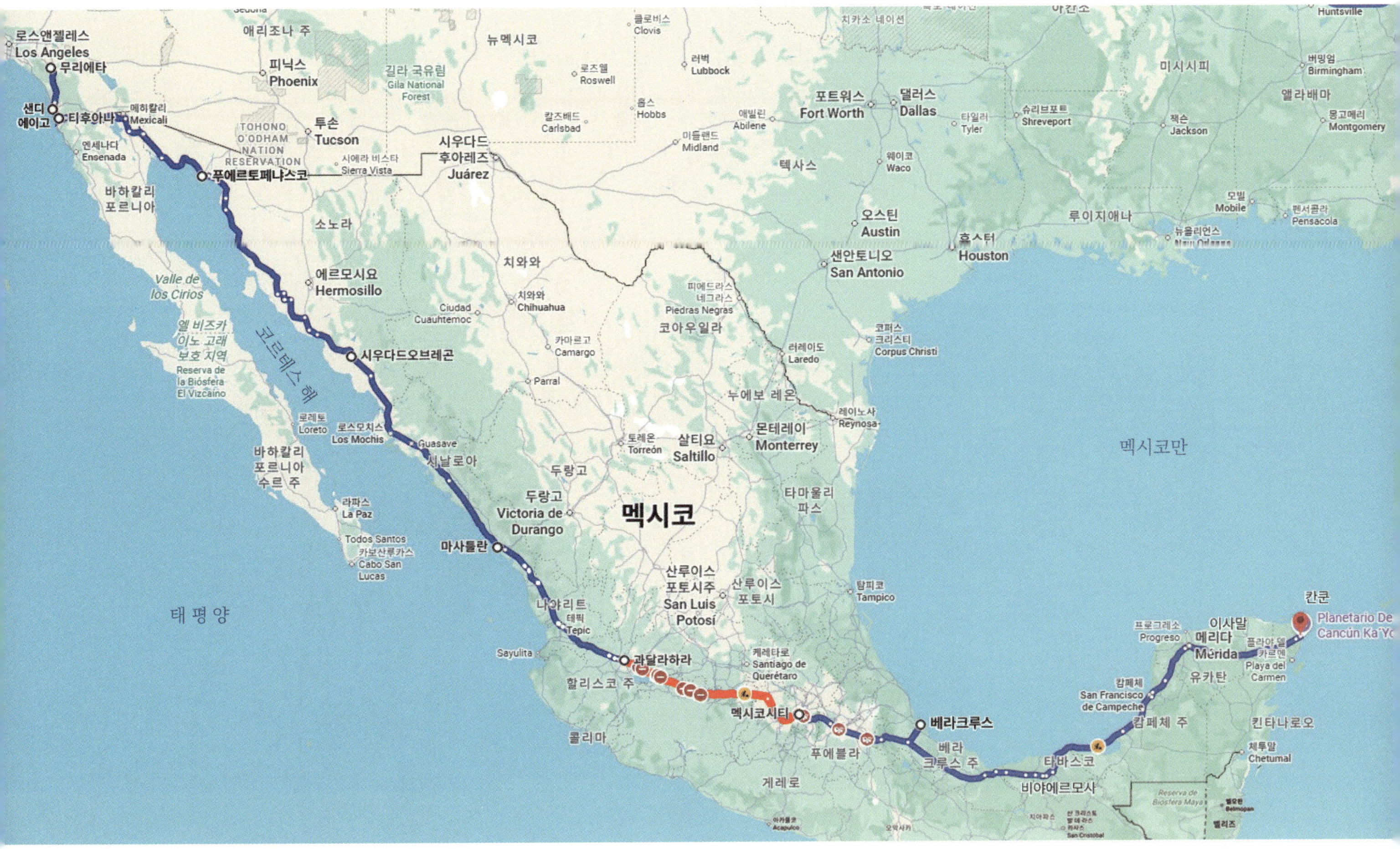

과달라하라 ⇒ 멕시코시티
537 km

Guadalajara ⇒ Mexico City
334 miles (537 km)

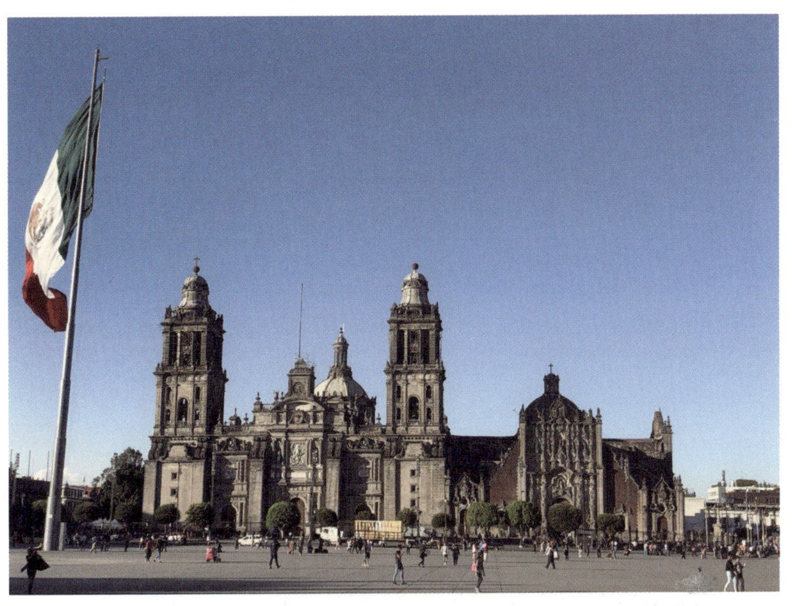

CC0

멕시코시티 중심부에 위치한 메트로폴리타나 대성당(Catedral Metropolitana 카테드랄 메트로폴리타나). 아메리카 대륙에서 가장 크고 오래된 대성당으로, 완성까지 250년 이상이 걸림.

참배하러 가는 순례자들의 행렬

반가운 사람들
John 황 목사, 신왕식 후배와 그의 직원
그리고 나

음식을 나누며 담소

멕시코시티(Mexico City)에서는 하루를 더 묵기로 했다. 주 멕시코 대한민국 대사관에서 허태완 대사와 박재일 영사를 만났다. 대사관에 들어서자마자 보이는 태극기는 잠시 잊고 있었던 애국심을 불러일으켰다. 세계 곳곳에서 자국민들의 권익과 보호를 위해 일하는 대한민국 외교 공무원들과의 만남은 언제나 뿌듯하고 자랑스럽다. 주로 멕시코의 정치, 사회 이야기와 치안 문제—멕시코와 과테말라 국경에 출몰하는 게릴라들과 과테말라 반군들—에 관한 이야기를 나누었다.

멕시코에 오기 전, 나의 애초 계획은 멕시코를 거쳐 **과테말라**, **온두라스**, **니카라과**, **코스타리카**, **파나마**까지 종주하는 것이었다. 그 피날레로 파나마 운하를 보는 것이 나의 오랜 꿈이었다. 그 모든 것을 직접 가서 느끼고 보고 싶었다. 지금 여기 멕시코까지 왔는데… 조금만 더 내려가면 될 것 같은데… 여기서 멈춰야 한다면 너무나 아쉽고 애석한 일이 아니겠는가! 그런데 허 대사와 박 영사가 더 이상의 여행에 대해서는 포기하라고 내게 강하게 권고했다. 누구보다 현장을 잘 아는 전문가들이니 그분들의 제안을 받아들이기로 했다. 결국 이번 여행은 멕시코의 남동쪽 끝 도시 **칸쿤**(Cancún)으로 최종 목적지를 바꾸게 되었다. 이렇듯 여행과 인생에서는 때에 따라 변경할 수 있는 용기와 결단이 필요할 것 같다.

후배 신왕식의 회사 사람들, 존 황 목사, 호세의 가족들과 한국 식당에서 웃고 떠들며 이야기를 나누었더니 헛헛했던 마음이 채워지는 듯했다. **호세**의 가족들은 태어나 한국 음식을 처음 먹는다며 "맛있다!"는 감탄사를 연발했고 젓가락 사용법을 알려주었더니 무척이나 재미있어 했다.

시코 대한민국 대사관에서 한국인의 자긍심을 느끼며.

안 대사, 박재일 영사와 함께

우리의 만남은 '우연'이 아니야…

호세의 가족들과 함께

↑
리아도 한 가족

↑

주인님 때문에 고생

운전대에 앉은 Ria

괜찮은 척하며 사는 거지

사람들은 제각각 괜찮은 척하며 살아가는 거지.
그러나 괜찮은 사람은 아무도 없습니다.

아프지 않은 척하며 살아내는 거지,
그러나 아프지 않은 사람은 없습니다.

힘들지 않은 척하며 이겨내는 거지,
그러나 힘들지 않은 사람은 하나도 없습니다.

사람들은 보이지는 않지만 모두 자신만의
삶의 무게를 이고 지고 살아가고 있습니다.

남의 짐은 가벼워 보이고 내 짐은 무겁게 느끼며
그렇게 살아가고 있을 뿐입니다.

모퉁이를 돌아가 봐야 거기에 무엇이 있는지
확실히 알 수 있습니다.

가 보지도 않고 아는 척해 봐야
득 되는 게 아무것도 없지요.

바람이 불고 비가 쏟아져 아픔과 고민이
다 쓸려간다 해도 꼭 붙들어야 할 것이 있으니
바로 믿음이라는 마음입니다.

—**이해인**(李海仁, 천주교 수녀이자 시인)

눈을 뜨니 새벽 6시. 해발 2,240 미터 고지여서 그런지 한기가 느껴진다. 나는 추워서 옷을 전부 입고 잤는데, **멕시코** 싸나이, **마초 호세**는 덥다며 전부 벗고 잔다.

McDonald's를 찾아 아침 식사를 마치고, 지도와 내비게이션으로 오늘의 일정을 확인했다. 오늘의 목적지는 **베라크루스**(Veracruz)라는 동쪽의 해안도시다. 반나절 이상, 2,500 미터 고원에서 해안까지 점차적으로 꾸불꾸불 내려가는 길이었다. 차량 통행이 많지 않았고 가끔 강도가 출몰하여 돈을 뺏기도 한다는데 다행히 그런 불상사 없이 목적지에 잘 도착할 수 있었다.

어릴 적에 본 '베라 크루즈(Vera Cruz)'라는 영화가 있다. **버트 랭커스터, 게리 쿠퍼** 주연의 1950년대 서부영화였는데, 기억이 잘 안 나서 다시금 줄거리를 찾아보니 주인공이 새 삶을 찾아 떠나간 곳이 한참 내전 중이던 멕시코의 베라크루스였다고 한다. '베라크루즈'는 한국의 유명한 차종 이름이기도 하다.

아무튼 이 도시는 무역업의 비중이 높고 석유화학 분야가 발달하여 '세계로 나가는 멕시코의 문(La Puerta de México al Mundo 라 푸에르타 데 멕시코 알 문도)'이라고 한단다.

스시 음식점을 찾아 스시를 먹는데, 와사비와 생강이 없어서 아쉬웠다. 멕시코 사람들은 스시를 완성하는 화룡점정(나의 기준으로)의 맛을 잘 모르나 보다.

항구 주변으로 개들과 함께 산책을 나갔다. 저 뒤로 항구에 정박한 배들이 좌우로 흔들거리며 석양 사이로 춤을 춘다. 낯익고도 낯선 멕시코에서의 여덟째 밤이 지나간다.

📍 멕시코시티 ⇒ 베라크루스
418 km

Mexico City ⇒ Veracruz
260 miles (418 km)

멕시코 베라크루스주에 위치한 셈포알라(Cempoala) 고고학 유적지. 셈포알라라는 이름은 '20개의 물' 또는 '20일마다 열리는 상업 활동'을 뜻함. 사진 속 구조물은 기념비적인 건축양식을 보여주는 계단식 피라미드.

잊혀질 만하면 또 나타나는 tollgate

불굴의 파스 투혼

McDonald's에서 굿모닝을 시작! 맛있게 먹고 기분 좋게 출발했는데 맙소사, 고속도로에서 세 시간 동안이나 꼼짝없이 정체되어 있었다. 차가 밀려 20~30분 정도 차 안에 갇혀 있는 경우는 자주 있었는데 이 정도의 장시간은 처음이었다. 사람들이 차에서 내려 길에서 화장실 볼일을 본다. 우리도 내려 작은 볼일을 해결하고(어쩔 도리가 없었다), 통역기로 호세에게 상황을 물으니, "아마도 교통사고, 아니면 도로공사? (Maybe accident or road repair?)"라고 태연하게 대답한다. 자주 있는 현상이라고 하니 성질 급한 나만 답답하고 조급하다. 그나마 차에 gas(휘발유)를 가득 채워 떠난 것이 불행 중 다행이었다.

그렇게 고생해서 예상보다 늦게 도착한 **비야에르모사**(Villahermosa)는 비교적 깨끗한 도시였다. 바로 이럴 때 피곤을 한 방에 녹여 줄 김치찌개 한 그릇을 먹을 수 있다면 얼마나 천국일까! 울며 겨자 먹기로 찾아낸 일식집에서 먹은 튀김우동의 맛은 너무 짰고 생강 절임을 찾으니 그마저도 없어서 역시나 실망이었다. 불평할 기운도 없이 호텔로 돌아와 물 먹은 솜처럼 침대 위에 엎어졌다.

내일은 또 어떤 날이 될까? **Tomorrow is another day!** (내일은 내일의 태양이 뜬다!)

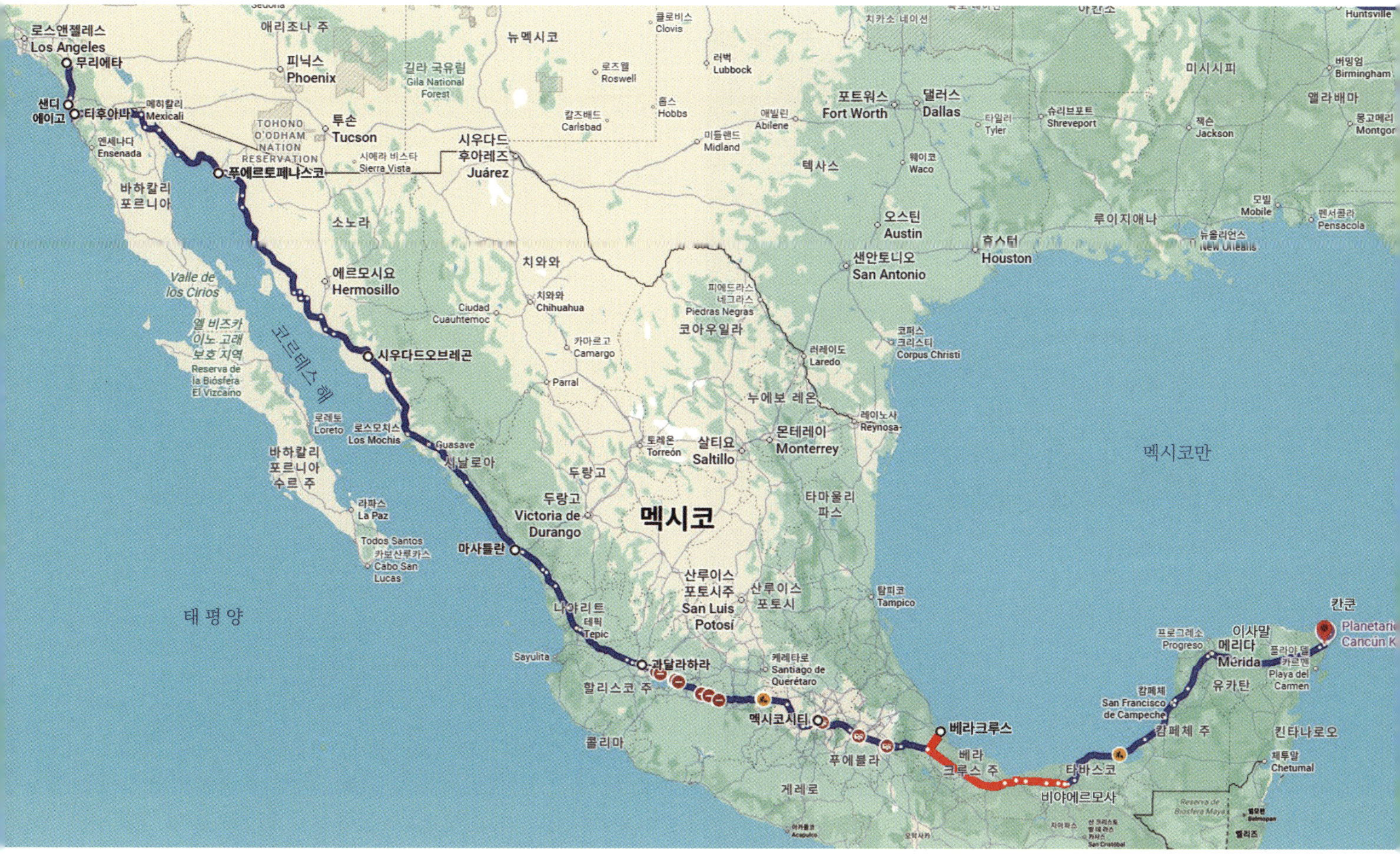

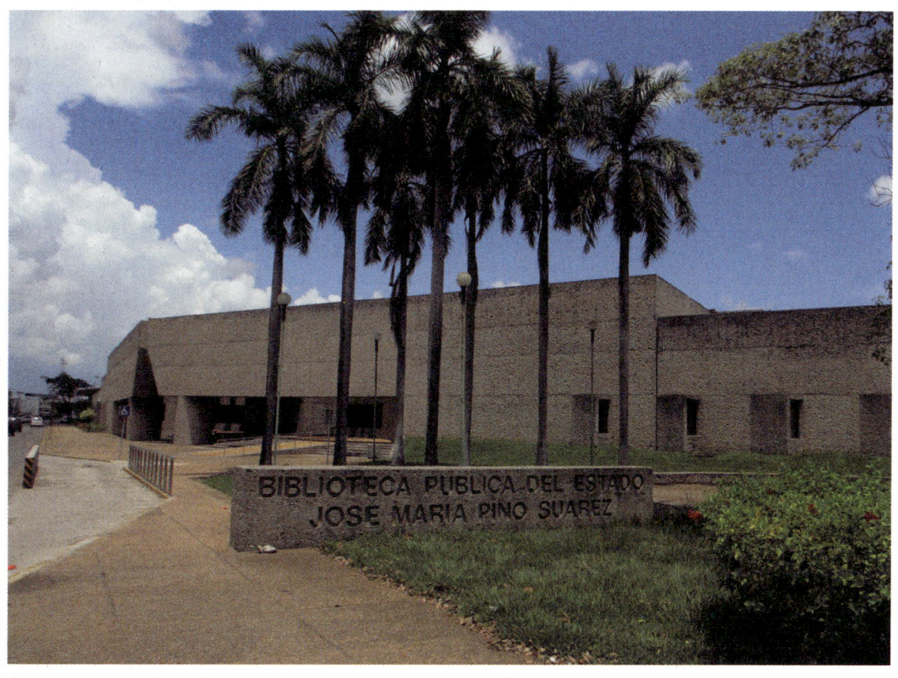

베라크루스 ⇒ 비야에르모사
484 km

Veracruz ⇒ Villahermosa
301 miles (484 km)

© Alfonsobouchot/wikimedia

멕시코 Tabasco주 비야에르모사에 있는 Jose Maria Pino Suarez 주립 공공도서관.

고속도로 종점 부근 도로 표지판,
'BUEN VIAJE'(부엔 비아헤)는
"즐거운 여행길 되세요"란 뜻이다.

흔하게 볼 수 있는 옥수수밭
그래서 '나초 칩'이 유명한가 보다.

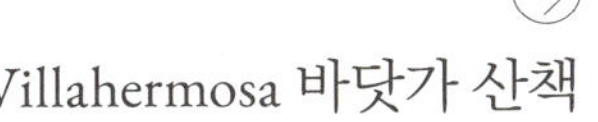
Villahermosa 바닷가 산책

→
동네 한 바퀴

↓
US $1(약 18.04페소/약 1,500원)를
주고 산 성게

058

→
가던 길을 멈추고, 말을 건네는 홈리스와 함께

오늘의 목적지 **캄페체**(Campeche)는 마야문명의 유적지가 많다는 사실만으로도 출발부터 기대를 갖기에 충분했다. 캄페체만(Bay of Campeche) 해안가의 경치는 얼마나 아름다운지 왼쪽으로는 끝없이 보이는 바다가 출렁이고, 무려 150 km 정도의 직선도로는 풍경을 즐기기에 더할 나위 없는 코스를 선사했다. 어제의 수고를 보상해주는 오늘의 선물이었다.

　기운이 없어서 고기를 먹고 싶은데, 마침 호텔 옆에 beefsteak 집이 있길래 들어서자마자 "뉴욕 스테이크~"를 외쳤다. 아쉽게도 너무 덜 익혀서(rare) 구워 나왔길래 다시 푹 익혀달라고(well-done) 주문했으나 그것도 입에 맞지 않았다. 옆에서 무엇이든 잘 먹는 호세가 부러웠다. 대신 Ria와 Daniel이 남은 고기로 포식을 했다.

　LA 북창동 순두부집, 서울 명동칼국수, 아내가 차려주는 식탁에 대한 그리움이 밀려왔다. 사람에게 '고향의 맛'이란 무엇일까. 음식은 우리의 정신과 감정을 만들고 몸과 마음의 상처를 치유하며 가장 강력한 사랑의 표현이 되기도 한다. 한국에 돌아가면 모든 것을 더욱 소중하게 대해야겠다.

📍 비야에르모사 ⇒ 캄페체
385 km

Villahermosa ⇒ Campeche
239 miles (385 km)

멕시코 유카탄 반도에 위치한 마야 문명의 도시 유적지 치첸 이트사 (Chichén Itzá)의 엘 카스티요(El Castillo) 피라미드. 깃털 달린 뱀 신인 쿠쿨칸을 모시는 신전이었으며, 스페인 군인들이 성채처럼 생겼다 하여 '성(城)'이라는 뜻의 '엘 카스티요'라는 이름이 붙여졌다.

altura máxima
4.95m
ultimate
ACTIVE
3
BPme rewards
Regístrate
www.bpmerewards.com.mx
¡Regístrate| BPme rewards!

반갑다, 60년대에나 봤던 삼륜차를
다시 보게 되다니!

동전을 넣어야 열리는 화장실 문

이리 보아도, 저리 보아도,
갸우뚱 보아도 좋은 멕시코 바다

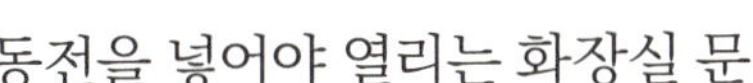

칸쿤으로 가는 길에 유카탄주(Yucatán, 멕시코 31개 주 중 하나)에 있는, 제일 가난한 주이지만 아름다운 동네 **이사말**(Izamal)에서 크리스찬 스쿨을 운영하고 있는 대학 동창을 방문하기로 했다. 칸쿤으로 가는 주요 도로에서 30분 벗어난 거리에 위치한 이 지역은 밝은 노란색과 흰색의 건물들이 많아서 '**노란색으로 물든 도시**'라고도 한다. 유카탄 반도를 품은 전체적인 바다 풍경과 돌밭, 돌로 된 담장 등이 마치 우리나라의 제주도 같다.

30여 년 전 이곳에 선교사로 파송되어 황무지를 개간해 크리스찬 학교를 세운 나의 친구 **이철남**과 그의 아내 **메리**는 현재까지 학교를 잘 운영하면서 지역사회의 교육 발전을 위해 힘쓰고 있다. 무에서 유를 창조한 그들의 고생했던 과거 이야기를 들어보면 감탄이 절로 나오고 고개가 숙여진다. 이들의 모습을 통해 하느님이 멀리 높이 계시는 것이 아니라 우리 곁에 계시고 함께 일하고 계신다는 느낌을 받는다.

이곳에는 이 부부 외에 한국 교민이 한 사람도 없고, 코비드(COVID-19) 팬데믹 기간 전에는 한국, 미국, 캐나다에서 한인교회들의 지원이 많았는데 지금은 그마저도 없어서 무척 어려운 상태라고 했다. 오랜만에 홈메이드 가정식을 대하니 기쁘고 감사했다. 맛있게 먹고서 학교를 둘러보았는데 큰 철조망 개장에 10여 마리가 넘는 개들이 있었다. 버려진 개들을 하나둘씩 데려오다 보니, 저희들끼리 새끼를 낳기도 해서 점점 늘었다고 한다. 사료값도 엄청 들 텐데… 개들까지 돌보는 천사 같은 부부였다.

저녁식사는 길거리 유명한 포장마차에서 파는 멕시코 전통 음식을 먹었다. 밤이 깊어 쏟아지는 별들을 보며 이런저런 이야기를 나눴다. 하느님이 이들을 축복하시길 기도하며 이날 밤은 학교 기숙사에서 편안하고 깊은 수면을 취했다.

📍 **캄페체 ⇒ 이사말**
238 km

Campeche ⇒ Izamal
148 miles (238 km)

CC0

멕시코 유카탄주 이사말에 있는 산안토니오 데 파두아 수녀원(Convento de San Antonio de Padua). '노란 도시' 이사말의 상징적인 건축물임.

↖ ↑
'베델 국제 기독학교'로 들어가는 길,
베델은 '하나님의 집'이라는 뜻.

←
잘 정리된 학교 캠퍼스

→
이철남·메리 부부, 호세와 함께
삶과 이야기를 나누며…

기분좋은 삼합.
야자수, 주차장, 그리고 해변

선교사 부부가 돌보고 있는 주인 없는 개들,
마음이 아프다.

이사말(Izamal)을 떠나 드디어 이번 여행(편도)의 최종 목적지인 **칸쿤**(Cancún)에 도착했다. '야호'라고 소리라도 지르고 싶고 깃발이라도 꽂고 싶은 심정이었다. 자동차 계기에 표시된 숫자가 51,196 miles. 미국 뮤리에타(Murrieta)를 떠나면서 첫 시동을 걸 때가 48,175 miles였다. 그렇다면 주행 거리가 **3,021 miles**, 킬로미터로는 **4,860 km**가 된다. 이는 12일 동안, 서울에서 부산까지 거리의 약 10배가 넘는다.

칸쿤은 25년 전 친구들과 두 번이나 왔던 곳인데도 새롭게 느껴졌다. 그 당시에도 칸쿤은 외국 자본을 유치해 개발한 국제적인 해안 관광도시로 세계인의 주목을 받았던 곳이다. 관광객들을 위한 칸쿤국제공항이 건설되었고, 호텔에서 근무하는 노동자들을 위해 새로 고속도로가 건설될 정도였으니 규모와 퀄리티에 대한 호기심이 특히 미국에서 대단했다. 그 당시 젊었던 나는 이곳에서 친구들과 함께 골프, 낚시, 승마, 스킨스쿠버 다이빙 등을 즐겼다. 그때의 추억들이 파도처럼 밀려오면서 지금의 **old young man**이 된 나와 오버랩된다.

이 여행은 나의 오래된 바람이자 버킷 리스트의 소중한 마지막 목록이었기에 최종 목적지까지 이루고 나니 성취감, 자긍심, 시원섭섭한 감정들이 한데로 뒤섞여 형용하기 어려운 감정 상태가 되었다. 내 나이 80에 정말 좋은 경험을 했다! 언제나 그렇듯 뒤를 돌아보아도, 옆을 둘러보아도, 앞을 내다보아도 감사와 희망이 있다.

지금까지 함께해 주신 **하느님**, 감사합니다! **친구들**이여, 감사합니다!

12th Day

<table>
<tr><td>

이사말 ⇒ 칸쿤
270 km

</td><td>

Izamal ⇒ Cancún
168 miles (270 km)

</td></tr>
</table>

CC0

멕시코 남부 치아파스주에 위치한 마야 문명의 중요한 고고학 유적지인 팔렝케(Palenque). 팔렝케는 '거대한 물의 장소'를 뜻함.

"믿음의 주요 또 온전케 하시는 이인 예수를 바라보자." 히브리서 12장 2절 말씀이 쓰여져 있다.
선교사 부부와 교장 선생님과 함께

Twenty years from now
You will be more disappointed by the things
You didn't do than by the ones you did do.
So throw off the bowlines.
Sail away from the safe harbor.
Catch the trade winds in your sails.
Explore. Dream, Discover!
— Mark Twain

지금으로부터 20년 후,
당신은 자신이 한 일보다 하지 않은 일들로 인해
더 실망하게 될 것이다.
그러므로 돛줄을 던져라.
안전한 항구를 떠나 항해하라.
무역풍을 돛에 태워라.
탐험하라. 꿈꾸라. 발견하라!
— 마크 트웨인

칸쿤은 아메리카 대륙에서 가장 아름다운 바다로 불리는 카리브해(Caribbean Sea)를 끼고 있다. 영화나 공원 놀이기구에 '**Caribbean의 해적**'이라는 이름이 붙을 만큼 옛날엔 왕성한 무역의 바다였고 해적들마저 살기 좋았던 천혜의 기후, 식물의 열매들이 풍요로운 지역이다. 또한 미국인들 사이에서는 '카리브해의 욕망'이라는 말이 있을 정도로 은퇴 후 가장 살고 싶은 곳, 신혼여행지로 각광 받는 곳이기도 하다. 이렇듯 멕시코는 자연의 혜택을 받은 축복의 땅이고, 내가 이번 여행을 통해 직접 눈으로 보고 느낀 점도 다르지 않았다. 경제적으로 낙후되어 있긴 하지만 멕시코 사람들의 마음밭은 착하고 순하고 즐거워 보였다.

바닷가를 거닐며 여러 상념에 젖어본다. 불현듯 아내를 이런 아름다운 휴양지에 데리고 와야겠다는 생각이 강하게 들었다. 그리고 보니 나는 아내의 버킷 리스트를 한 번도 물어본 적이 없다. 한국에 돌아가면 꼭 물어보고 응원해 줘야겠다!

칸쿤과 아쉽게 작별 인사를 나눈 뒤, 세 시간 여를 달려서 다시 **이사말**(Izamal)에 도착했다. **이철남 선교사**를 만나 재회의 기쁨을 나눈 뒤, 돌보고 있는 개들을 둘러보고, 지난번에 받은 호의에 감사하는 마음으로 점심식사를 대접했다. 천장에 야자수를 드리우고 멕시코 전통 장식품으로 화려하게 장식한 고급 식당에서 멕시코의 전통 음식을 맛있게 먹었다. 그들은 이곳에 수십 년째 살면서도 이런 비싼 식당에는 처음 와본다니… 너무 놀라웠고 존경의 마음마저 들었다. 내가 살아있다면 한 번 더 오겠다는 약속을 나누고 헤어졌다. 마음 같아서는 2년 내에 다시 만날 수 있기를…

그들이 내 손에 쥐여 준 깻잎, 콩자반 통조림과 고추장은 그냥 반찬이 아니라 그들의 마음이었다.

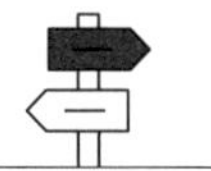

13th Day

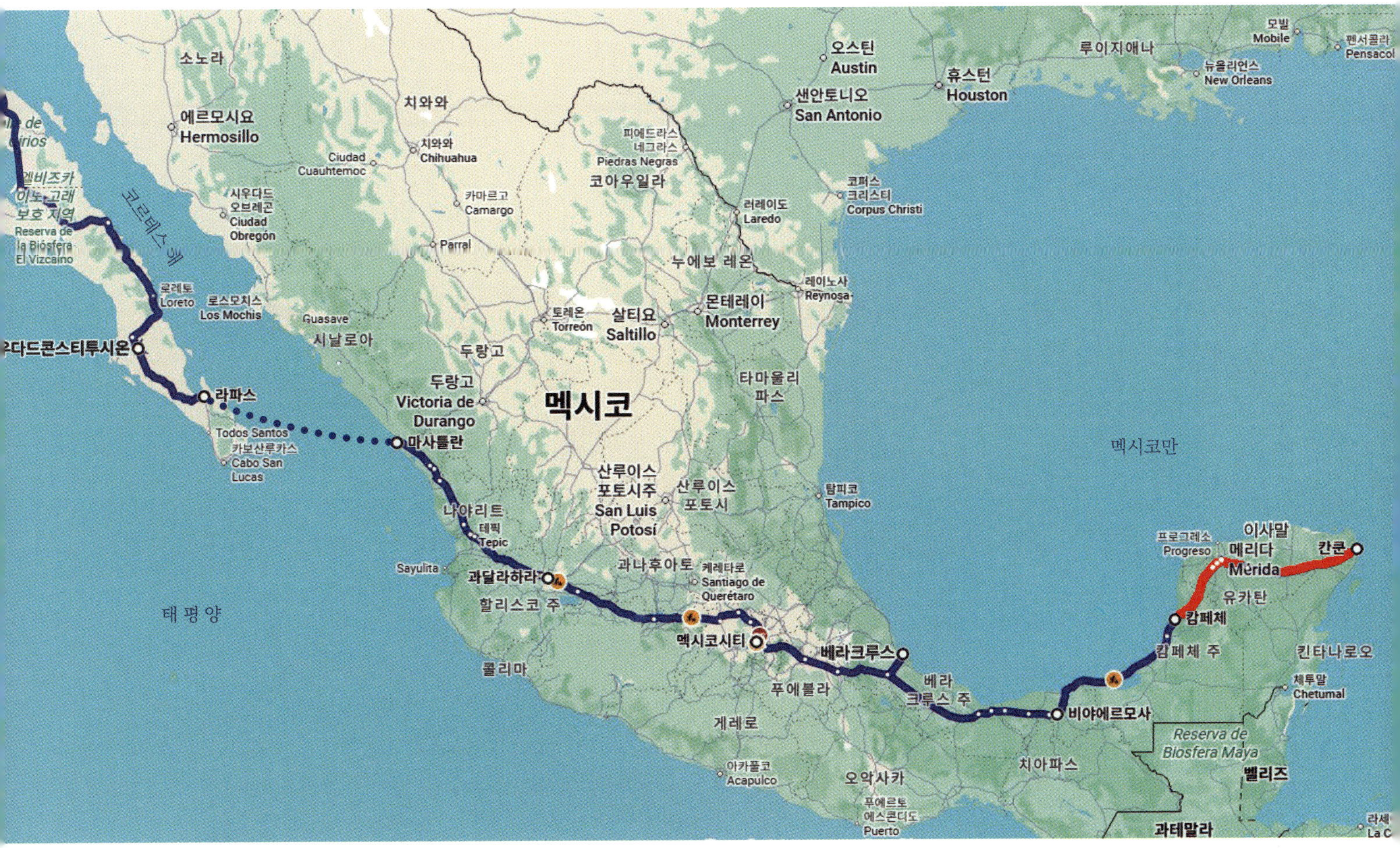

칸쿤 ⇒ 캄페체
507 km

Cancún ⇒ Campeche
315 miles (507 km)

© Luigialdaz/wikimedia

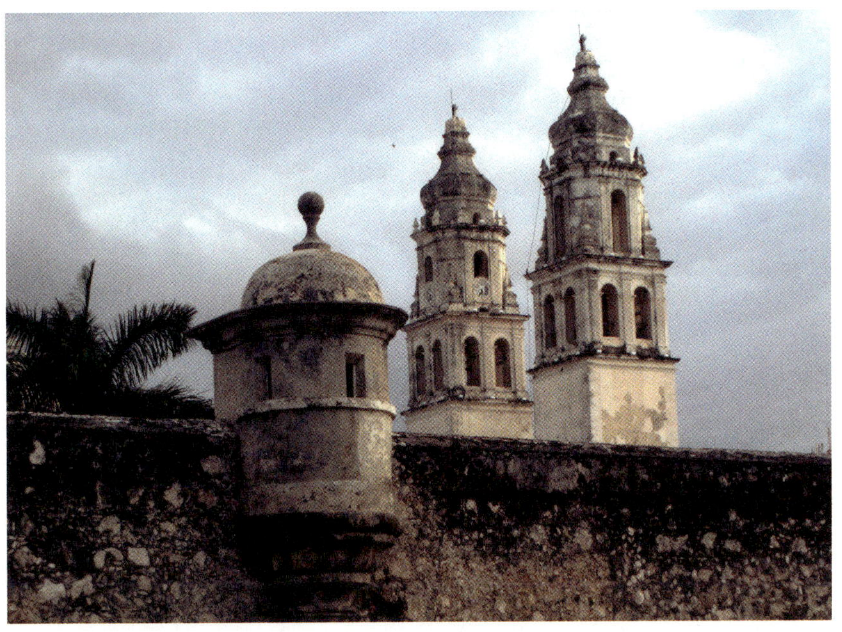

멕시코 캄페체의 성모마리아 원죄 없이 잉태된 대성당(Catedral de Nuestra Señora de la Purísima Concepción) 성벽의 초소(garita).

Coca-Cola 2x15

↑ →
Izamal에 있는 고급 식당에서

←
고층 건물이 없어 시야가
탁 트이는 칸쿤 시내

서울을 떠난 지 26일. 미국의 뮤리에타 집을 떠난 지 14일째 되는 날이다. 꾕장히 오래전 일인 것 같은데 고작 2주밖에 안 되었다니…

캄페체(Campeche)에서 비야에르모사까지 약 6시간 운전 중 반 이상이 끝이 안 보이는 곧은 해변가 길을 달리는 것이었다. 한국 동해안이나 미국 캘리포니아 1번 국도에서는 절벽 너머로 바다가 보였는데, 이곳은 바다 수면과 모래 해변과 도로가 고도의 차이 없이 동일선상에 있는 듯, 바로 곁에 있는 느낌이 난다. 큰 폭풍이나 해일이 생기면 큰일 나겠다 싶었다. 간간이 어촌이 나오고, 주유소가 나오고, 돈을 내야 하는 화장실이 나온다. 한국이 가난했을 때도 화장실 사용에 돈을 내야 했던가? 갑자기 너무 인간미가 없다는 생각이 들면서 나도 모르게 얼굴이 찡그려졌다.

비야에르모사(Villahermosa)에서 두 번째 맞이하는 새벽. 눈을 뜨니 리아가 침대 위로 올라와 내 오른편에 누워있다. 특별히 사람의 온기를 좋아하는 **리아**가 얼마나 사랑스러운지! 나는 내가 아침형이어서인지, 사람이 아침형으로 사는 것에 장점이 더 많다고 생각된다. 부지런히 일어나 오늘의 할 일을 되뇌어보니, 그간 미뤄둔 옷 더미가 떠올랐다. 보통의 호텔 세탁은 오전에 픽업, 오후에 드롭(갖다주는 것)이라 세탁할 여유가 없었으므로 빨래 숙제는 쌓여갔다.

비야에르모사에서 하나뿐인 조그만 한국 식당을 찾아가 김치볶음밥을 먹었다. 배를 채우니, 한국식 목욕탕에 가서 깨끗이 씻고 싶고 한국식 안마도 받고 싶은 마음이 간절해진다. 멕시코시티에 가면 가능하지 않을까 기대를 해보면서 내일을 향해 꾸준히 전진이다!

<table>
<tr><td>

📍 **캄페체 ⇒ 비야에르모사**
383 km

</td><td>

Campeche ⇒ Villahermosa
238 miles (383 km)

</td></tr>
</table>

멕시코 타바스코주 비야에르모사에 위치한 플라자 비센테나리오(Plaza Bicentenario). 멕시코 독립 200주년을 뜻하는 200개의 구멍이 있음.

© Alfonsobouchot/wikimedia

한글이 없는 한국 식당 메뉴판

"누가 내 치즈를 옮겼을까?" 책을
받고서 기뻐하는 한국 식당 주인

083

← ↑

도로변 바닷가, 삭막함과 낭만의 중간 어디쯤…

비야에르모사(Villahermosa)에서 베라크루스까지 평균 100 km로 5시간 정도를 달렸다. 잘 달리다가도 곳곳에 있는 톨게이트를 만나면 다시 정체가 시작된다. 하이 패스(hi-pass)나 후불제면 좋으련만 일일이 현금을 내고 거스름돈을 받느라 시간은 더욱 지연된다.

주위에 보이는 시골집들은 대부분 야자나무로 지붕을 엮은 것이 옛날 우리나라 시골의 볏짚 지붕을 보는 것 같다. 풍족지 않아도 자연과 어울려 살아가는 순수함과 정취가 느껴진다.

어느 지인에게 내가 호세와 함께 모두가 위험하다고 말리는 멕시코를 여행 중이라고 하니 우리의 모습이 흡사 '**돈키호테와 산초**' 같다고 했다. 자신이 무엇을 원하는지를 정확히 알고 무모하리만큼 불가능에 도전하는 나의 행동파적인 모습을 좋게 표현해 준 것이다. 아내에게 전화로 그 말을 전했더니 대책없이(?) 이상적이고 낙관적인 모습도 닮았다나.

하루종일 달려온 나의 산초인 호세, 그리고 개들(당나귀가 아닌)과 함께 호텔에 들어서자마자 녹초가 되어 뻗었다.

이제, 돈키호테 역할도 얼마 남지 않았다.

📍비야에르모사 ⇒ 베라크루스
476 km

Villahermosa ⇒ Veracruz
296 miles (476 km)

CC0

멕시코 베라크루스에 있는 산후안 데 울루아 요새(San Juan de Ulúa Fort). 현재는 박물관으로 사용되며, 멕시코만 지역의 고고학 유물과 요새의 역사를 보여주는 전시물이 전시되어 있음.

↑ →

Tollgate를 만나면 느려지는 차들

서시(序詩)

죽는 날까지 하늘을 우러러
한 점 부끄럼이 없기를,
잎새에 이는 바람에도
나는 괴로워했다.
별을 노래하는 마음으로
모든 죽어가는 것을 사랑해야지
그리고 나한테 주어진 길을
걸어가야겠다.

오늘밤에도 별이 바람에 스치운다.

—**윤동주**(尹東柱, 시인)

Prelude

Until the day I die,

I wish to gaze at the sky

with no trace of shame.

Even the wind rustling the leaves

has brought me pain.

With a heart that sings of the stars,

I shall love all things destined to fade away.

And I must walk the path given to me.

Tonight, once again, the stars are brushed by the wind.

(현장원 옮김)

지금까지 멕시코의 동해안 길을 달려왔는데 이제부터는 내륙 중간에 있는 멕시코시티를 향해 서쪽으로 질주한다. 어제까지는 주로 시야가 뻥 뚫리는 해안 길이었고 **베라크루스**를 떠나자마자부터는 큰 산맥을 끼고 달린다. 그 뒤부터는 계속 오르막길이고, 어느 지점부터는 고원을 일정하게 한참 동안 질주한다. 양쪽으로 판자촌이 보이고 조그맣게 형성된 동네가 보이면서 상가들도 나타난다. 무엇을 파는지 호객하는 사람들도 눈에 띈다. 한참을 가파르게 오르다 보면 어느 순간 비스듬히 내려가는 길을 만나는데 거기서부터 오랜 시간을 내려간 것 같은 기분이 들어도 여전히 고원은 고원이다.

목적지 **멕시코시티**가 한 시간쯤 남았을 즈음, **호세**가 저 먼 곳을 가리키며 자기가 사는 동네라고 말한다. "오, 그러냐" 하면서 반가운 마음에 호세네 집에 들르자고 했다. 호세의 집은 산중에 있었는데 아담하고 수수했다. 호세의 식구들—아내와 두 딸, 두 딸의 각각 남자친구들, 옆집에 사는 장모님—을 만나 즐겁게 인사를 나누었다. 친절하게도 내 빨래를 세탁해주겠다고 해서 모아둔 빨래를 부탁드리게 되면서 빨래 숙제로부터 해방되었다.

저녁에 멕시코시티 한국 식당에서 호세의 가족들과 존 황 목사를 초대해 푸짐하게 식사를 나누었다.

돌아온 뒤에, 세탁한 옷들을 좀 더 말리려고 호텔 방 여기저기에 널어놓았다. 향긋한 세제 냄새와 함께 마음의 때도 빠지는 것 같았다. 밥 먹고 빨래를 너는 일상조차도 이렇게 소중하고 특별하게 느껴질 수가! 행복은 매일의 일상에 널려있구나!

16th Day

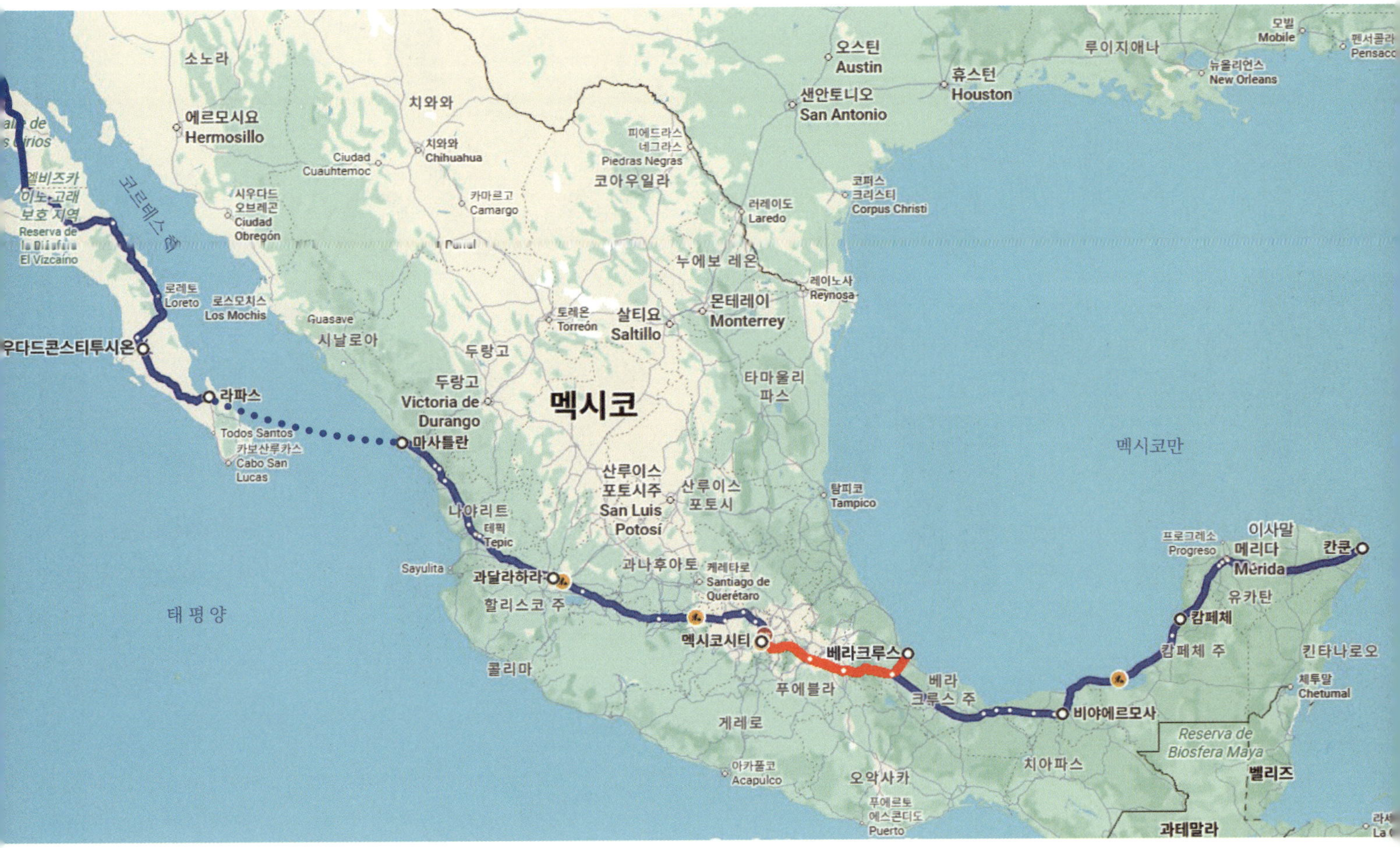

베라크루스 ⇒ 멕시코시티
418 km

Veracruz ⇒ Mexico City
260 miles (418 km)

© Diego Delso/wikimedia

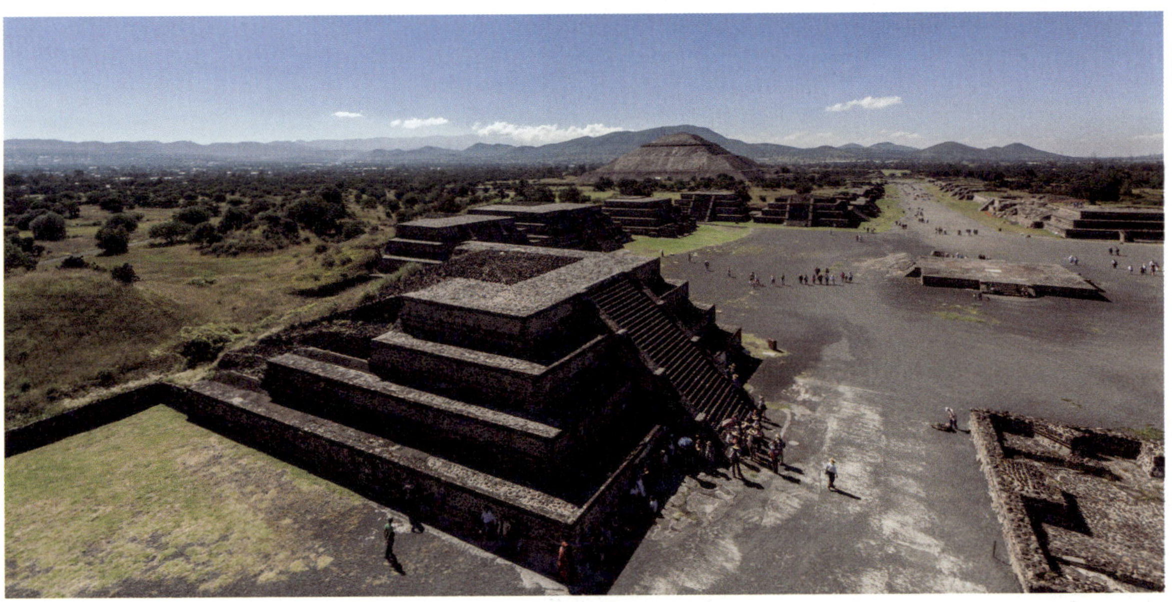

멕시코의 고대 도시 유적지인 테오티우아칸(Teotihuacán). 테오티우아칸은 멕시코시티에서 북동쪽으로 약 40 km 떨어진 고원에 위치한 메소아메리카 시대의 거대한 고고학 유적지임.

↑
유쾌한 호세의 가족!
우리 모두의 체형이 비슷하다며 웃었다.

←
멕시코에 있는 한식당 이름들이 재미있다!

→
존 황 목사와 성도들.
호세네 식구들과 함께 즐거운 한식 파티

멕시코시티 근처의
판자촌 동네에서

고원에 있는 산동네여서
약간 쌀쌀하다

우리나라 대구광역시와 면적이 비슷한 멕시코시티는 16세기 이후의 건축물들이 잘 보존되어 흡사 유럽 도시의 분위기를 풍긴다. 단, 부분부분 호수를 매립해 만든 도시라 지반이 약하고 공기의 오염이 심각하다는 점은 안타깝다.

드디어 **멕시코시티**에서 허리의 고통을 덜어 줄 한인 **침술사**를 만날 수 있었다. 약 한 시간 동안 침을 놓는데, 침을 허리에만 놓는 것이 아니라 손, 발, 어깨 등 부위를 확대해나가며 꼼꼼하게 치료해 주었다. 진료소 문을 나서면서 몸이 한결 가벼워지고 통증이 해소되는 것을 느끼면서 치료비를 내려 했으나 돈을 받지 않는다. 실력도 좋고 마음씨도 좋은 닥터 **나병준**에게 다시 한번 감사의 인사를 전하고 싶다.

한국 간판들이 보이는 동네에서 **허태환** 대사, **박재일** 영사와 함께 점심식사를 했다. 저녁에는 후배 신왕식 사장과 맥주도 한 잔 기울였다. 그는 나에게 조만간 재방문하여 과테말라에서부터 파나마 구간 5개국을 함께 여행하자고 적극적으로 얘기한다. 2년 내에 함께하자고 약속을 했는데, 실현하려면 내가 앞으로 체력적, 정신적으로 준비하고 노력해야 할 부분이 많을 것 같다.

워싱턴 D.C.에 사는 **조영길**, 이사말(Izamal)의 **이철남** 선교사, 서울에 있는 **이영우** 후배 등과 통화를 하며 담소도 나누었다. 그간 쌓인 여행의 피로가 한꺼번에 물러가는 듯했다. 한 사람이 꿈을 꾸면 그저 꿈일 수 있지만, 여러 사람이 함께 꿈을 꾸면 현실이 될 수 있을 것이다. 같은 꿈을 꾸는 친구들이 있어 행복하다.

Soñar lo imposible soñar.
불가능한 꿈을 꾸는 것.

Vencer al invicto rival,
무적의 적수를 이기며,

Sufrir el dolor insufrible,
견딜 수 없는 고통을 견디고,

Morir por un noble ideal.
고귀한 이상을 위해 죽는 것.

Saber enmendar el error,
잘못을 고칠 줄 알며,

Amar con pureza y bondad.
순수함과 선의로 사랑하는 것.

Querer, en un sueño imposible,
불가능한 꿈속에서 사랑에 빠지고,

Con fe, una estrella alcanzar.
믿음을 갖고, 별에 닿는 것.

— 뮤지컬 '맨 오브 라만차(Man of La Mancha)'(소설 돈키호테를 원작으로 한) 중에서

↑

혼잡한 멕시코 주재 미국대사관 앞

→

한의사 Dr. 나병준
침술은 몸의 균형을 찾아주는 예술 같은 의술이다.

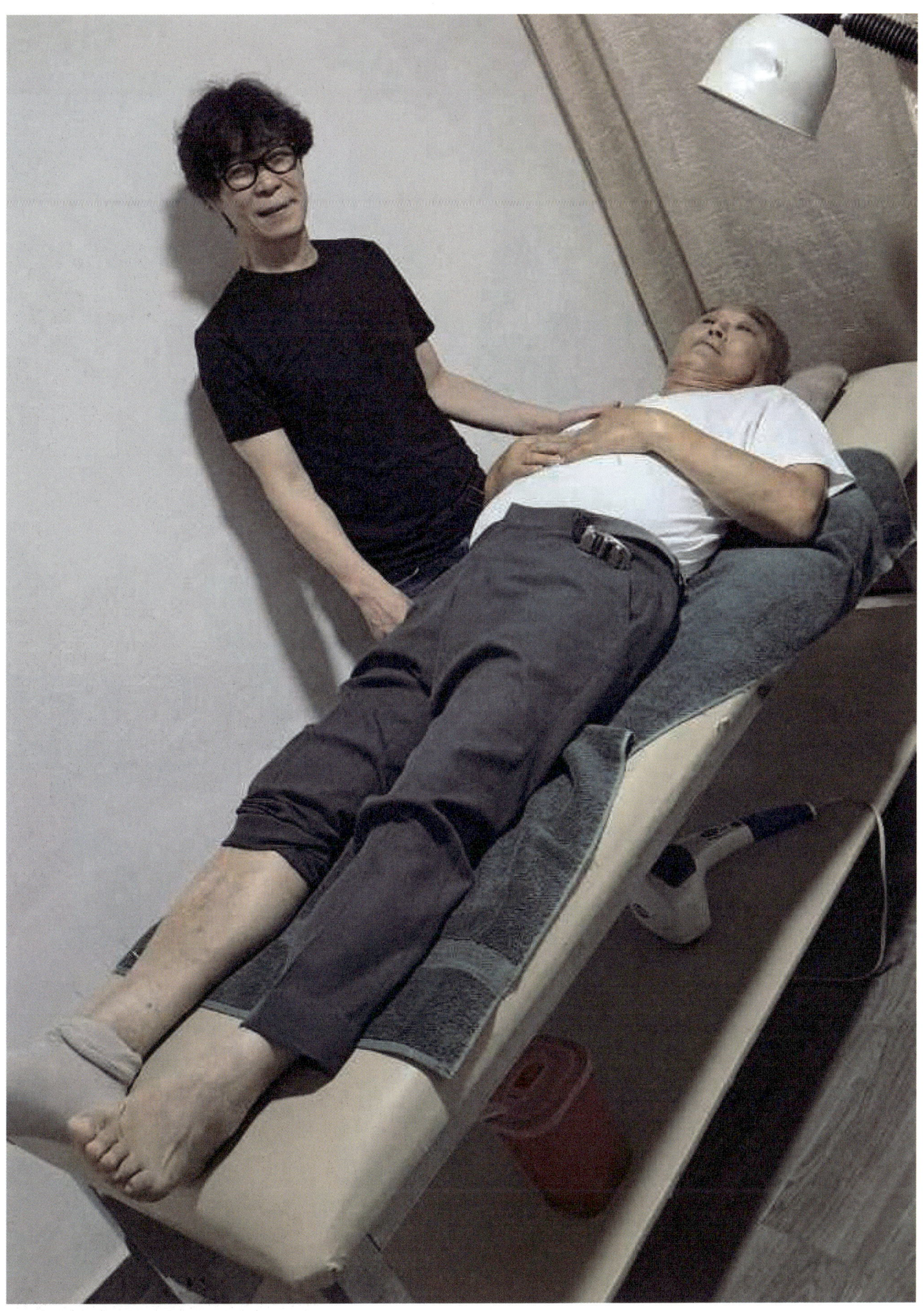

↑
우리 교민들을 위해 늘 수고하시는 대사님과 영사님과의 오찬

←
여행에서의 빨래란…

멕시코시티에서 친한 벗들과 잘 쉬고 침술 치료도 받아서인지 컨디션이 많이 좋아졌다. 컨디션이 좋으니 머리가 맑고 풍경도 눈에 더 잘 들어온다.

기분 좋게 달리고 달려서 도착한 곳이 태평양 연안의 **과달라하라**(Guadalajara). 한국 식당 '럭키 서울(Lucky Seoul)'에 가서 나는 야채비빔밥을 먹고, 호세는 함박스테이크를 시켜 먹었다. 호세는 나와 함께 다니면서 K-Food의 매력에 푹 빠진 듯하다.

말은 안 통해도 눈치코치로 서로의 감정을 어느 정도는 읽을 수 있게 되었고, 한국 음식이라는 입맛으로 공감대를 이루니 더욱 연대감이 느껴졌다.

리아와 **다니엘**도 치킨너겟을 사료에 넣어주었더니 뚝딱 맛있게 먹는다. 그래, '잘 먹고 잘 다니는 것'이 우리의 사명이자 축복이지! 이 단순한 것이 삶의 본질이자 행복인 것이다.

📍 멕시코시티 ⇒ 과달라하라
576 km

Mexico City ⇒ Guadalajara
358 miles (576 km)

© n75_dsc_p100/wikimedia

멕시코 중서부 할리스코주의 과달라하라에 위치한 과달라하라대학교
(Universidad de Guadalajara) 본관.

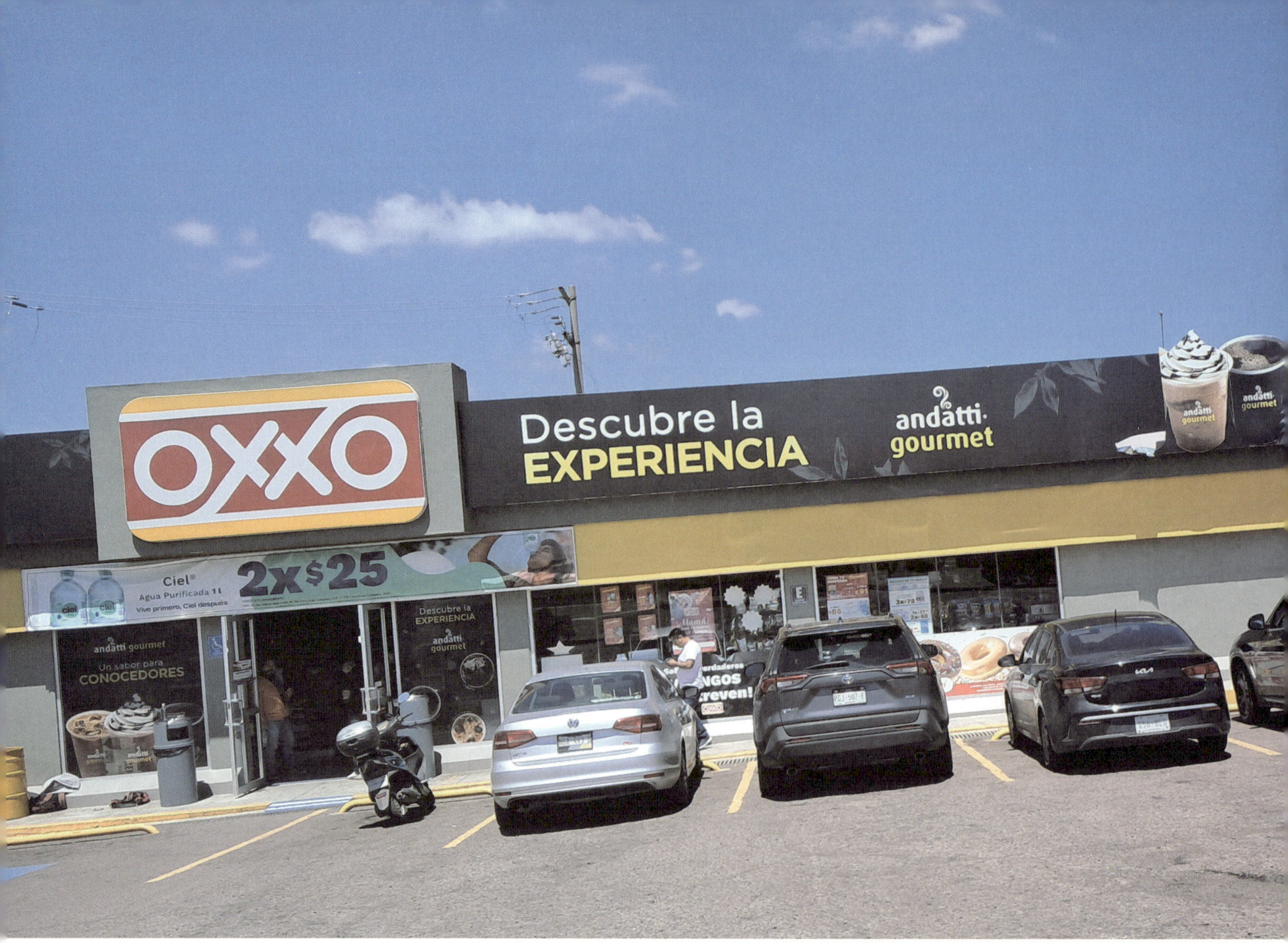
OXXO
Descubre la
EXPERIENCIA
andatti
gourmet
Ciel®
Agua Purificada 1L
2x$25
andatti gourmet
Un sabor para
CONOCEDORES
Descubre la
EXPERIENCIA

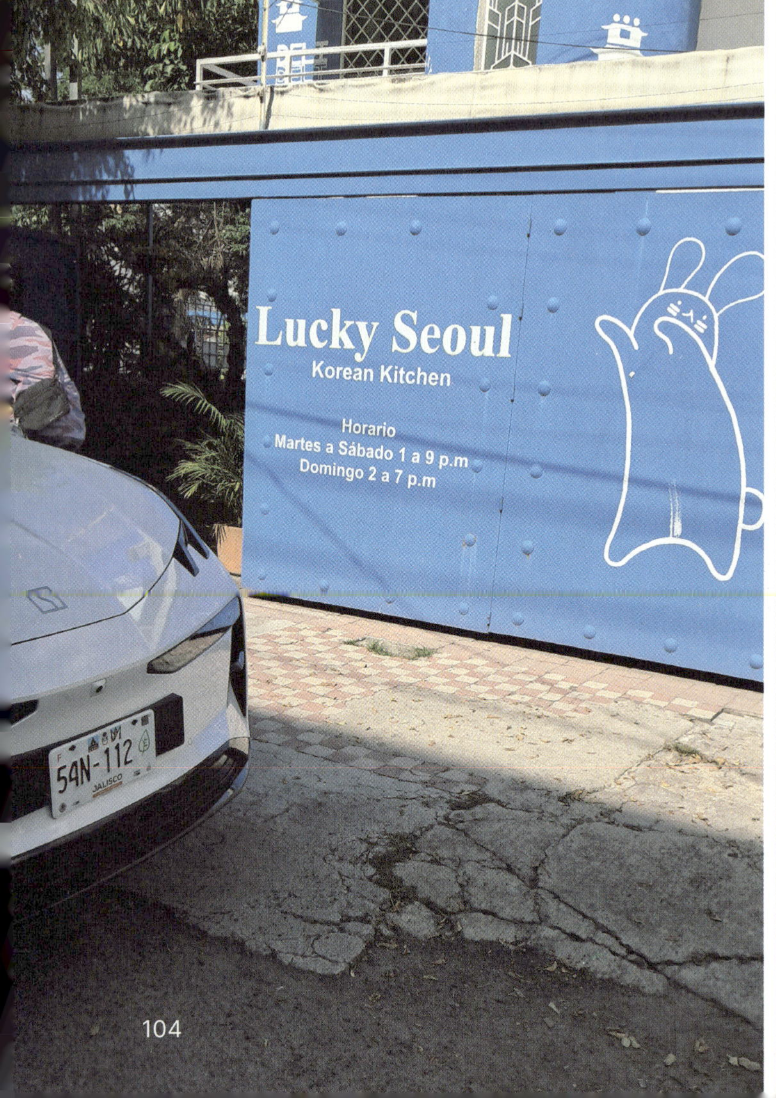

Lucky Seoul
Korean Kitchen
Horario
Martes a Sábado 1 a 9 p.m
Domingo 2 a 7 p.m

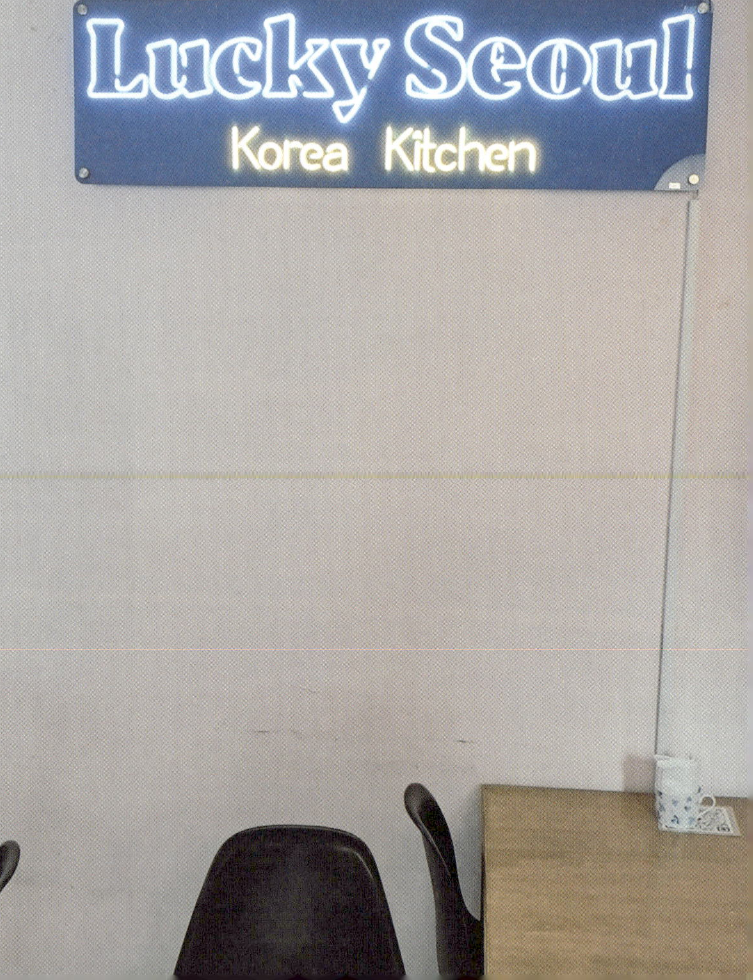

Lucky Seoul
Korea Kitchen

멕시코의 대중적인 편의점 '옥소(OXXO)'

현인의 '럭키 서울'이란 노래가 떠오르는,
과달라하라에 하나뿐인 한국 식당

침대 점령

대부분의 식당들이 개 손님한테 친절하다.

길거리에 Stray dog(주인 없는 개)들이 많아서 마음이 쓰인다.

과달라하라에서 마사틀란까지는 계속 산길이어서 지루한 감이 있다. 산 중간에 **테킬라**(Tequila)라는 도시가 있었는데, 주변을 둘러보니 모두 테킬라(tequila, 용설란의 즙으로 만드는 술)의 원료인 **아가베**(Agave) 농지뿐이다. 아가베는 멕시코의 주요 작물이며 잎이 용의 혀같이 생겼다 하여 '용설란(龍舌蘭)'이라고도 불린다. 테킬라의 원료가 되기도 하고, 당분이 많아 시럽으로 만들어 요리에 쓰기도 한다. 길 옆 산중 동네에는 간간이 나무통에 테킬라를 파는 사람이 많다. 대체로 이 지역 산에는 아가베, 낮은 지대에는 옥수수밭이 있다.

내일 **마사틀란**에서 시우다드오브레곤으로 가는 로드 구간을 **바하칼리포르니아수르**(Baja California Sur)주로 가는 배편으로 변경했다. 육지 산길 로드 구간이 무장 강도가 자주 출몰한다는 악명의 구간이어서 많은 사람들이 배편을 추천해줬기 때문이다. 선박회사에 들러 표를 사려고 했더니 내일은 배편이 없고 모레 오후에 있다고 했다. 모레 떠나는 표를 사려고 했더니 65세 이상은 시니어 건강 증명서가, 개들은 1주일 이내에 발급한 건강 증명서가 필요하다고 한다. 부랴부랴 보건소 같은 곳을 찾아서 신장과 몸무게, 혈압을 재고 나서 건강 증명서를 발급받았고 (물론 유료로), 동물병원을 찾아가서 리아와 다니엘의 **건강 증명서**도 만들었다.

이제 서류 준비도 다 마쳤겠다, 멕시칸 부리토로 배를 채우고 여유롭게 숙소 근처 해변을 산책했다. 내가 걷는 이 해변은 요즘 hot place로 뜨고 있다는 '**신**(新)**마사틀란**'이라고 한다(항구가 있는 곳이 구시가지이고). 그래서인지 주위의 호텔들과 시설이 새로 지은 고급 관광지 느낌이 물씬 났다. 멕시코는 열악한 곳은 한없이 열악하고, 관광지로 만든 곳은 한없이 럭셔리하다. 빛과 어둠이 공존하는 가운데, 인간은 자신의 자리에서 만족하는 법을 배우며 살아가는 것 같다.

📍 **과달라하라 ⇒ 마사틀란**
492 km

Guadalajara ⇒ Mazatlán
306 miles (492 km)

© User:Stan Shebs/wikimedia

멕시코 시날로아주에 위치한 마사틀란 항구(Port of Mazatlán)의 전경. 마사틀란은 멕시코의 주요 태평양 연안 항구 중 하나임.

← 눈에 자주 띄는 아가베 군락.
주인이 있는 걸까?

←↑ 아가베들의 합창

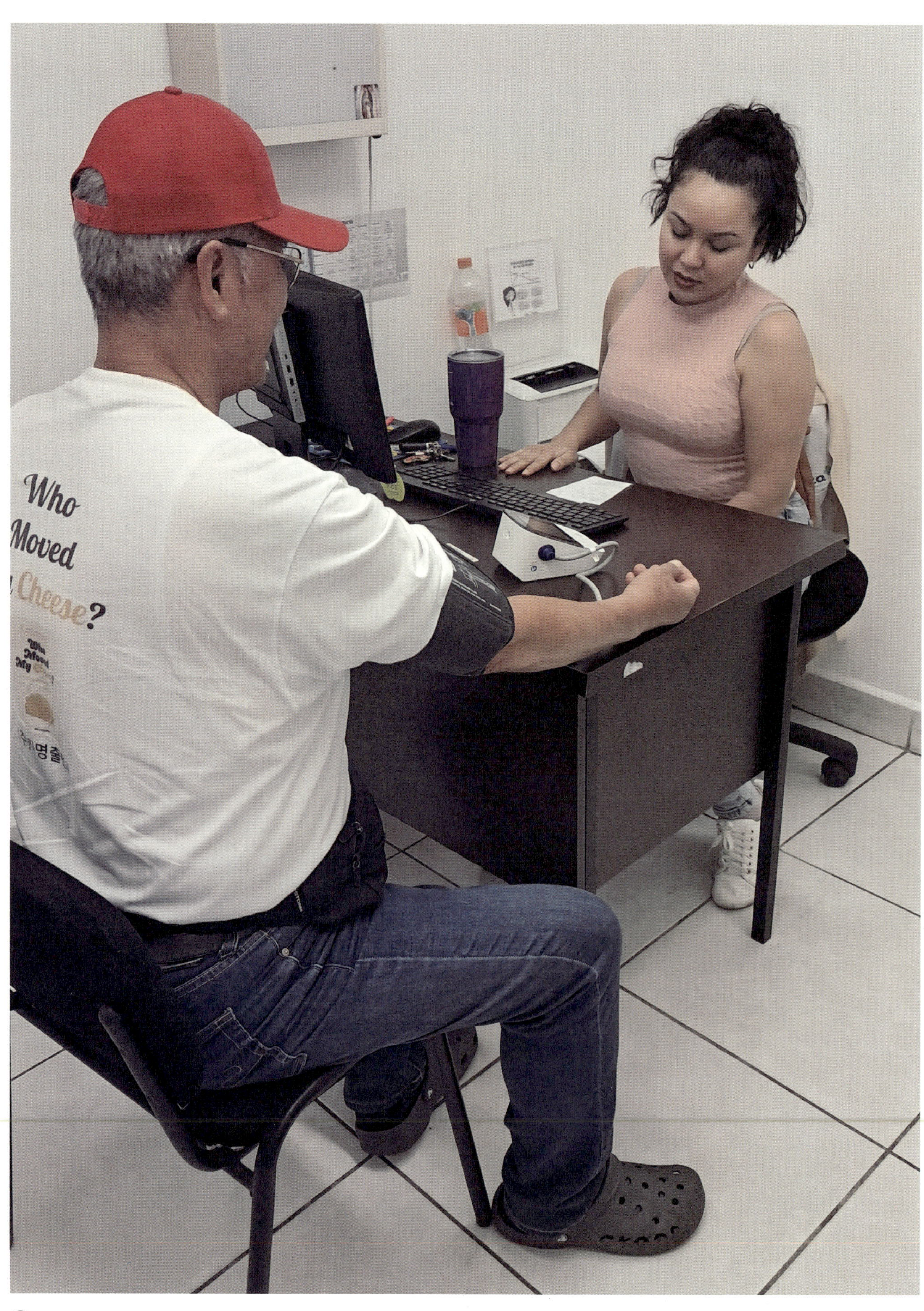

혈압 체크

CONSULTORIO — CERTIFICADO DE EXAMEN MÉDICO

A quien corresponda:

El (la) que suscribe, médico general legalmente autorizado (a) para el ejercicio de la profesión con cédula profesional número __14771962__

Después de haberse realizado reconocimiento médico al / la C. __Kwang Yong Ahn__ se le encuentra:
__Sano al momento de emitir este certificado medico__

T.A. __150/85__ Peso. __87.8__ kg Talla. __1.77 m.__ Temp. __36°C__ F.C. __61 x'__ F.R. __18x'__

petición de la parte interesada, se expide el presente en Mazatlán, Sinaloa, a los __20__ días del mes
e __Agosto__ del año __2025__ para los fines que convengan.

Dra. Claudia Angelica Medina Marin
Atentamente

DRA. CLAUDIA ANGÉLICA MEDI
MÉDICO GENERAL
INSTITUTO UNIVERSITARIO DE CIENCIAS MÉDICAS Y HUMAN
CÉDULA 147719

Mucha salud,

멕시코에서 처음 만든 나의 건강 증명서

호텔 아침식사를 맛있게 먹었다. 나는 어떤 여행 중에도 잘 먹는 편이고 fast food나 slow food를 가리지 않으며 과식도 안 하고 무엇보다도 음식을 절대로 남기지 않는다. 음식에 대한 내 나름의 철학과 철칙이 나의 건강을 유지하는 데도 큰 도움이 되는 것 같다.

아침부터 태양이 작열한다. **호세, 리아, 다니엘**에게 함께 바닷물에 뛰어들자고 청했으나 아무도 들어가려고 하지 않아 아쉬웠다. 보통의 개들은 물을 좋아한다던데… 에라 모르겠다, 나 혼자 힘차게 뛰어들어 갔다. 첨벙! 원래 수영에는 자신이 있는 터라 100~200미터를 쭉쭉 힘차게 헤엄쳐 나갔다.

오랜만에 느껴보는 미지근한 바닷물의 느낌이 그렇게 좋을 수가 없었다. 그런데 문제는 돌아오는 길에 발생했다. 거의 해변가에 다 도착했을 즈음, 발은 땅에 닿는데 갑자기 너울성 파도가 덮쳐서 앞으로 나아가질 않고 파도에 밀려 자꾸 뒤로만 멀어지는 것이었다. 슬슬 겁이 나기 시작하면서 페이스를 잃고 허우적거리기 시작했다. 머릿속이 하얘지고 몸이 굳어지는 순간, 나는 황급히 뛰어든 젊은 수상 인명구조원(Lifeguard)의 도움으로 겨우 뭍으로 나올 수 있었다. 이렇게 또 하나의 잊지 못할 추억이 생성되기는 했으나, 아, 이런 게 바로 내가 나이 들었다는 증거구나… 이 정도의 **너울성 파도**에 빠져나오질 못하는 내가 아닌데… 어제와 오늘이 다르게 많이 늙었음을 뼈저리게 실감하는 순간이었다.

현실을 받아들여야 하는 마음은 서글프지만, 지금의 나 자신, 현재 나이에 걸맞은 태도와 마음자세로 변화하고 적응해야 한다는 것을 되새김하게 되었다. 그래, 나는 퇴화되는 중이 아니라, 맛있고 멋있게 익어가는 중이다. 숙성 중인 묵은지처럼, 포도주처럼…

Thanks, Jesus!

"今臣戰船 尙有十二(금신전선 상유십이)"
지금 신에게 아직 12척의 선선이 있사옵니다.
―이순신(李舜臣), 1597년 8월 15일 수군의 폐지를 반대하며 올린 장계에서

"This nation, under God, shall have a new birth of freedom and government of the people, by the people, for the people, shall not perish from the earth."
이 나라가 하나님의 가호 아래 자유롭게 다시 탄생할 것이고
국민의, 국민에 의한, 국민을 위한 정부는 이 세상에서 결코 사라지지 않을 것입니다.
―에이브러햄 링컨(Abraham Lincoln), 1863년 11월 19일 펜실베이니아주 게티즈버그에서 행한 연설에서

"I have nothing to offer but blood, toil, tears and sweat."
나는 피와 수고와 눈물과 땀밖에 드릴 것이 없습니다.
―윈스턴 처칠(Winston Churchill), 1940년 5월 13일 영국 의회 연설에서

"뭉치면 살고 흩어지면 죽는다." (United we stand, divided we fall.)
―이승만(李承晚)

"一日不讀書 口中生荊棘(일일부독서 구중생형극)"
하루라도 글을 읽지 않으면 입안에 가시가 돋는다.
―안중근(安重根)

"Old soldiers never die; they just fade away."
노병은 결코 죽지 않는다, 다만 사라질 뿐이다.
―더글러스 맥아더(Douglas MacArthur), 1951년 4월 19일 미국 상하원 연설에서

"My fellow Americans, ask not what your country can do for you—ask what you can do for your country."
미국 국민 여러분, 조국이 여러분을 위해 무엇을 할 수 있는지 묻지 말고
여러분이 조국을 위해 무엇을 할 수 있는지 물으십시오.
―존 F. 케네디(John F. Kennedy), 1961년 1월 20일 대통령 취임 연설에서

함께 들어가자꾸나!

Love is everything.
사랑은 모든 것.

An apple a day keeps the doctor away.
하루에 사과 한 개면 의사가 필요 없다.

A barking dog never bites.
짖는 개는 물지 않는다.

A bad workman blames his tools.
서투른 일꾼이 연장을 탓한다.

A drowning man will catch at a straw.
물에 빠진 사람은 지푸라기라도 잡는 법이다.

Heaven helps those who help themselves.
하늘은 스스로 돕는 자를 돕는다.

If you laugh, blessings will come your way.
웃으면 복이 온다.

Where there's a will, there's a way.
뜻이 있는 곳에 길이 있다.

Actions speak louder than words.
말보다 행동이 중요하다.

Practice makes perfect.
연습이 완벽을 만든다.

Rome was not built in a day.
로마는 하루아침에 이뤄지지 않았다.

(There is) no time like the present.
지금처럼 좋은 때는 없다.

Love wins everything.
사랑은 모든 것을 이긴다.

A friend in need is a friend indeed.
어려울 때의 친구가 진정한 친구다.

Better late than never.
늦더라도 안 하는 것보다 낫다.

Don't judge a book by its cover.
겉만 보고 판단하지 마라.

Out of sight, out of mind.
몸이 멀어지면 마음도 멀어진다.

Too many cooks spoil the broth.
사공이 많으면 배가 산으로 간다.

The early bird catches the worm.
일찍 일어난 새가 벌레를 잡는다.

No pain, no gain.
수고 없이 소득 없다.

A rolling stone gathers no moss.
구르는 돌은 이끼가 끼지 않는다.

Honesty is the best policy.
정직이 최선책이다.

Make hay while the sun shines.
해가 나 있을 때 풀을 말려라.

Well begun is half done.
시작이 반이다.

It ain't over till it's over.
끝날 때까지는 끝난 게 아니다.

호세와 동거한 지 21일. 이심전심, 말 안 하고 사는 생활도 꽤 익숙해졌다.

어제 수영 자랑하다 창피를 당한 곳이지만 참 아름다운 해변이다. 오후 ferry를 타면 내일 아침 **바하칼리포르니아**(Baja California) 반도 끝자락 **라파스**(La Paz)에 도착, 약 1,200 km를 더 달리면 뮤리에타 출발 후 첫 도착지였던 티후아나에 다다른다.

바하칼리포르니아수르주에 있는 도시 **카보산루카스**(Cabo San Lucas)는 20여 년 전 낚시와 골프를 하러 가 보았던 곳인데, 헤밍웨이의 "노인과 바다"에 나오는 물고기(바다에서 제일 큰 물고기, 청새치)를 잡으러 갔었으나, 결국 물고기는 잡지 못하고 golf만 쳤던 기억이 난다.

오후 5시경이 되니 그제서야 배가 조금씩 움직인다. 배 안 침실에 들어가니 양쪽에 조그만 침대 4개가 2층으로 되어 있다. 침대에 누우니 머리와 다리가 벽에 닿고, 앉으니 머리가 천장에 닿는다. 호세가 2층, 그 밑에 다니엘과 리아, 반대편 1층에 내가 자리를 잡았다. 아주 조그만 화장실과 샤워실도 있었는데 큰 장난감 같았다.

저녁은 배에서 뷔페식으로 먹고 갑판에 나가 해질 때까지 바다를 구경했다. 여행도 이제 후반부에 접어들었음을 지친 몸과 마음으로 실감하며, 다시금 오감을 집중해서 다시없을 이 순간의 바다를 느껴본다.

21st Day

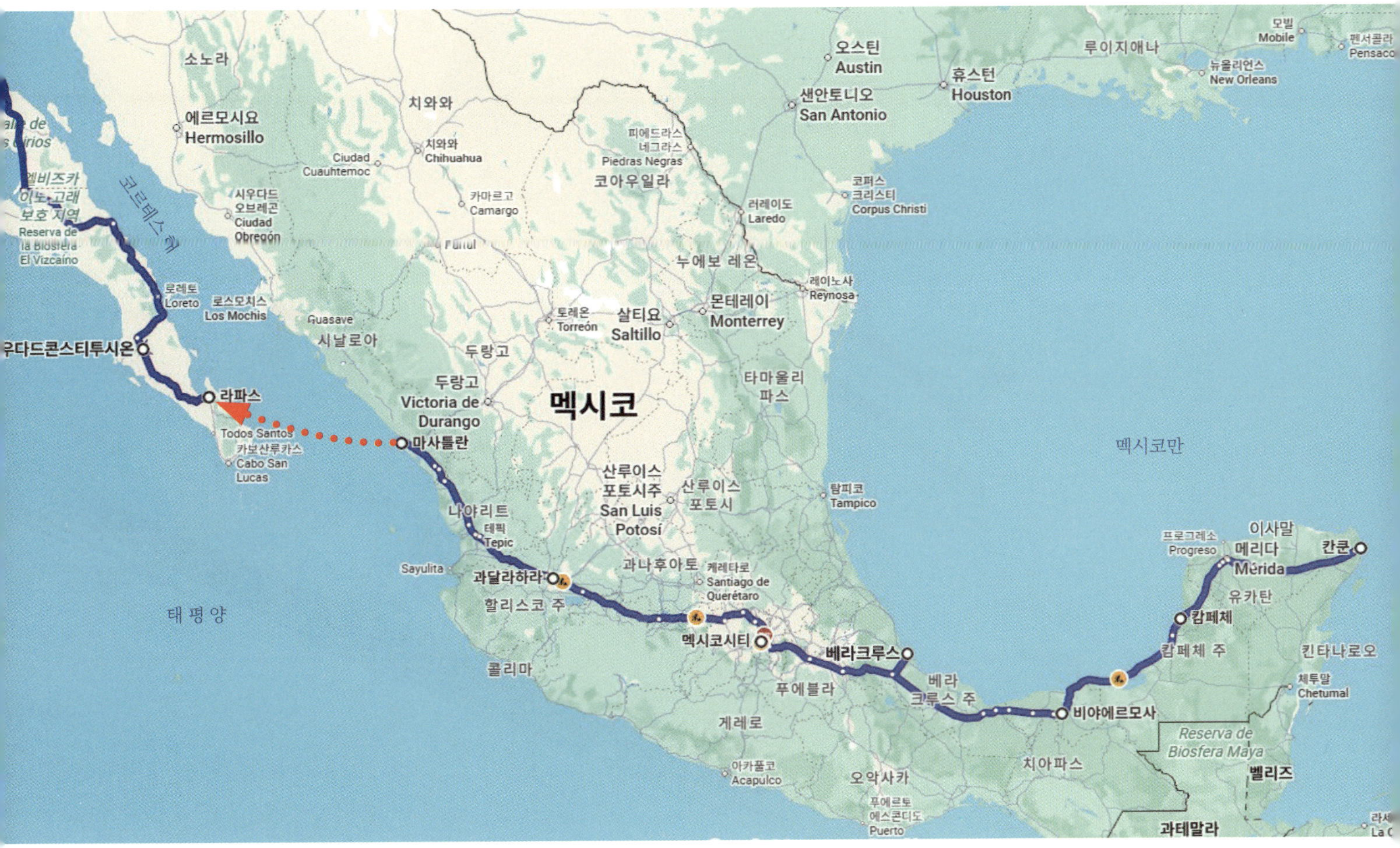

마사틀란 ⇒ 라파스(배에서 숙박)

Mazatlán ⇒ La Paz

CC0

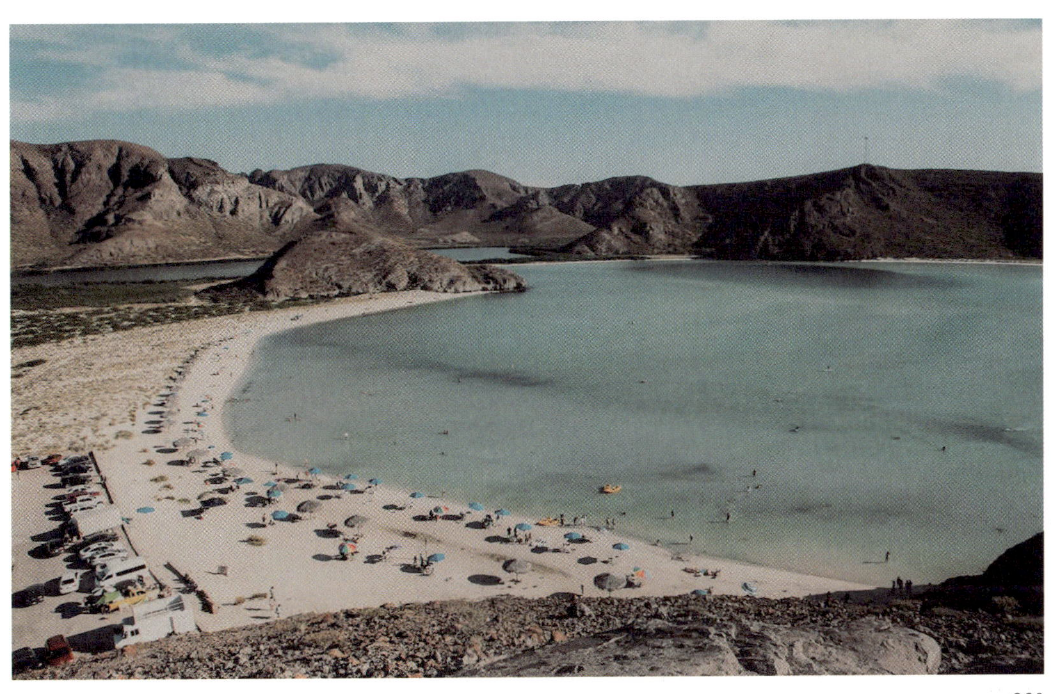

멕시코 바하칼리포르니아수르주 라파스에 위치한 플라야 발란드라(Playa Balandra) 해변.

페리의 외관

박재일 영사가 몇 년 전에 잡은 청새치(Spearfish)

영화 『타이타닉』의 주인공 레오나르도 디카프리오
(Leonardo DiCaprio)가 된 듯!

페리 안 식당에서 저녁식사

Ferry에서 찍은 마사틀란 항구의 모습

La Paz에 도착 후,
군경들이 차 안을 수색하는 동안에 잠시 휴식

124

150 PERSONAS
CABO SAN
LA PAZ
RAM

배를 탄 지 16시간, 배가 떠난 지 14시간이 지났다. 안내방송이 나오는 걸로 보아 드디어 목적지에 도착한 모양이다.

이번 도시는 **라파스**(La Paz). 멕시코에서 네 번째로 큰 상업 도시다. 배에서 내려 항구를 떠날 때까지 무려 5~6번이나 차량 소지품과 짐 조사를 받았다. 멕시코는 어디서나 많은 인내심을 필요로 한다.

수속을 마치고 라파스에 도착, 늦은 아침식사를 먹으러 McDonald's를 찾아 들어갔다. 주문해 놓고 급히 **화장실**을 찾았는데 문이 두 개이고 왼쪽은 'M', 오른쪽은 'H'라고 쓰여 있었다. 어느 쪽으로 들어가야 하지? 잠시 망설이다가 아무래도 영어 Men의 'M'자라고 생각되어 그쪽 문을 열었더니 안에 있던 여성이 비명을 지른다. 내가 더 놀랐지만 허허허 웃음이 났다. 나중에 안 사실이지만 스페인어로 남자는 **Hombre**(옴브레), 여자는 **Mujer**(무헤르)이므로 나는 'H'문으로 들어가야 했다.

McDonald's와 같은 미국 글로벌 기업도 멕시코에서는 영어 표기를 첨가하지 않는다는 점이 놀라웠다. 오래도록 기억될 재미있는 화장실 에피소드를 만들고, 두 시간 정도 달려 **시우다드콘스티투시온**의 한 호텔에 체크인을 했다.

그나저나 여기서는 휴대폰도 안 터지고 인터넷도 안 된다. 통신이 단절되니 너무나 답답하고 스트레스다. 날씨는 또 얼마나 더운지…

저녁으로 피자를 먹고 돌아오는 길에 캄캄한 밤하늘의 별들을 올려다보았다. 졸지에 나는 '언플러그드(Unplugged)', '아날로그(Analogue)'의 사람이 되었다.

📍 라파스 ⇒ 시우다드콘스티투시온
267 km

La Paz ⇒ Ciudad Constitución
166 miles (267 km)

© Comisión Mexicana de Filmaciones/wikimedia

멕시코 바하칼리포르니아수르주에 위치한 유서 깊은 산루이스 곤자가 선교회(Misión San Luis Gonzaga Chiriyaqui) 유적지. 바하칼리포르니아수르주의 역사적, 문화적 유산을 대표하는 중요한 건축물임. 이 건물은 한때 번영했던 목장 중심지의 일부이며, 지붕이 없고 비어 있는 다른 건물들은 100년 이상 된 것들이라고 함.

↑

많은 검문, 잦은 검색이 있는 나라.
순서를 기다리는 차량들

↗

문제의 맥도날드 그 화장실.
M이냐 H냐, 그것이 문제로다!

←

Ferry에서 내리면서 한 컷!

→

Ferry에서 하차 후, 다시 신나게 달려보자!

휴식 그리고 충전

한국에서, 캐나다에서, 미국에서 아내와 지인들이 난리가 났다. 갑자기 나와 연락 두절이 되었다고 모두들 사방팔방으로 연락을 취하고 혹시 위험한 사건 사고를 당했을까 봐 인터넷 기사를 찾아보고 기도를 하고 한바탕 소통이 일어났다고 한다. 어제 **라파스**(La Paz)를 떠난 후부터 전화기는 'No-service area(서비스 불가 구역)'라고 뜬다. 통신이 안 되니, 통역기도 쓸 수 없어서 호세와도 묵언 수행 중이다.

덥고 답답하고 힘이 들었다. 차창 밖 풍경마저도 황량한 사막의 연속, 회색빛의 잡풀 뿐이다. 점심도 마땅한 곳을 찾지 못해서, 편의점에서 스니커스 초코바 하나로 때웠다.

간신히 **게레로네그로**(Guerrero Negro)에 도착. 통신 상태가 달라졌는지, 나의 미국 전용 전화기(미국 번호)로 캘리포니아에 사는 막내동생에게서 전화가 왔다. 한국에 있는 아내와 지인들이 몹시 걱정하면서 동생에게 연락을 했었노라고, 동생도 걱정 어린 목소리로 나의 안부를 물었다. 괜찮다고 안심시킨 뒤 그간의 사정을 전했다. 연락이 되지 않으면서부터 나도 그들이 걱정할 것을 걱정했다. 그리고 나를 위해 기도해 주는 아내, **미국 테메쿨라 꽃동네 수녀님들**, 서울과 미국, 멕시코에 있는 친구들의 기도 소리를 느낄 수 있었다. 나를 아끼고 염려해 주고 응원해 주는 사람들이 있다는 것만으로도 인생은 얼마나 살아볼 만한 것인지…

모두가 나에게 힘을 주고 가슴을 데워주는 귀한 인연들이다. **내 나이 80에 남는 것은 인생의 보물 같은 '이 사람들'이다.**

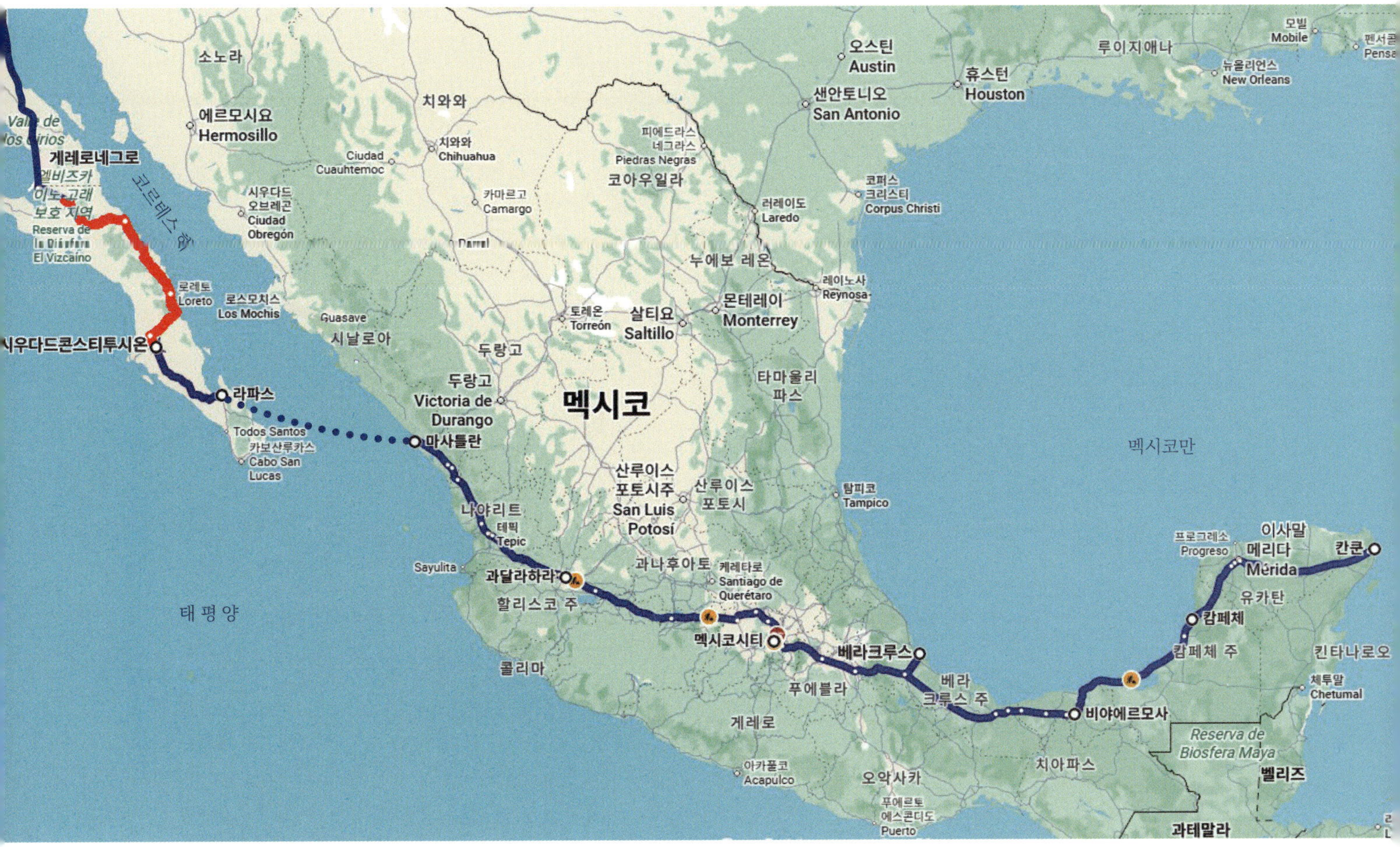

시우다드콘스티투시온 ⇒ 게레로네그로 566 km

Ciudad Constitución ⇒ Guerrero Negro 352 miles (566 km)

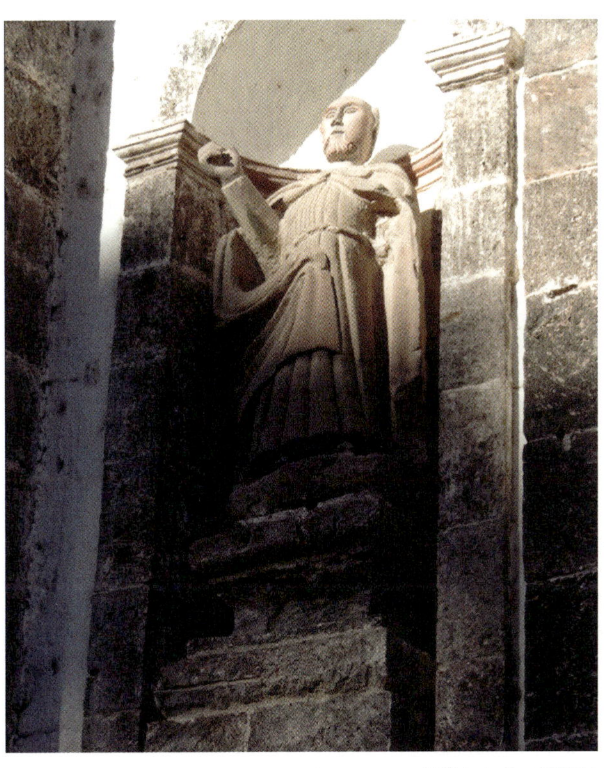

멕시코 바하칼리포르니아수르주에 있는 미시온 산이그나시오 카다카아만(Misión San Ignacio Kadakaamán)교회 외벽에 있는 조각상. 교회는 폐쇄되었지만, 현재도 활동적인 가톨릭교구의 일부로 사용되고 있음.

© Globetrotteur17/flickr

PAQUETERIA
CASTORES

척박한 창밖 풍경

가도가도 끝이 없는 길. 모든 길에는 이유와 방향이 있다.
지나온 인생길을 돌아보며…

아이스크림이 이렇게 맛 없기도 힘들 텐데…
그래도 피자는 맛있었다!

멕시코는 여러 지각판이 만나는 경계에 있어서,
흙보다 바위가 많은 산지가 형성되었다고.

간이 휴게소에서 내려다 본 태평양.
큰 마음을 갖고 살라고 말하는 듯하다.

새벽 6시에 눈을 떴다. 오늘은 좀 긴 여정, 23일 전에 머문 멕시코의 첫 도시 티후아나(Tijuana)로 간다. 여행의 첫 삽을 뜬 게 불과 23일 전이었는데 까마득한 기분이 든다. 여전히 인터넷은 안 되고, 도로 사정은 좋지 않고(패인 곳이 많다), 삭막한 사막길의 연속이며, 중간중간에 나무 십자가를 세운 무덤들도 스산하다. 나는 말 대신 자동차를 탄 황야의 무법자 **클린트 이스트우드**(Clint Eastwood)라도 된 듯 감정을 절제한 눈빛으로 풍경을 바라본다.

그렇게 한참을 달리니 이제부터는 사막이 아니라 산길이다. 사람 무덤뿐 아니라 폐차 무덤, 보트와 배 무덤(모아 쌓아둔 곳)도 보였다. 왼쪽 절벽으로 아름다운 바다 풍경이 펼쳐졌다.

고생 끝에 낙이 찾아오듯 **티후아나**에 도착했다. 23일 전에 갔던 한국 식당에서 떠날 때 그 멤버 그대로 다시 모였다. 감사하고도 감격적인 순간이었다! 다 함께 나의 '무사 귀환 파티'를 하고, 뜨겁게 축하를 나누고, 아쉽게도 **호세**와는 작별할 시간을 맞이했다. 비록 호세와는 말이 통하지 않았지만 그 모든 것이 덮어질 만큼 그는 나에게 최고의 가이드이자 짝꿍이 되어 주었다. 2년 내에 한 번 더 보자는 약속을 하고 내 인생 목록에 또 한 명의 소중한 인연을 추가하면서 호세의 뒷모습을 안타깝게 바라보았다.

한국에 있는 아내와 캐나다의 지인들과도 통화를 재개하고 그간의 해프닝들을 웃음으로 전했다. 웃을 수 있어 참으로 다행이었다. 아르만도, 소냐와 함께 멕시코-미국의 국경을 통과했다. 드디어 미국에 입국을 하고, 다시 두 시간을 달려 늦게 집에 도착했다.

한 달 만에 욕조에 뜨거운 물을 받아놓고 몸을 담가본다. 시작점으로 다시 돌아온 안도감, 편안한 나의 집, 익숙한 살림들… 내 집이 너무도 좋다! 지금의 이 기분을 느끼려고 여행을 한 것이었을지도…

24th Day

게레로네그로 ⇒ 티후아나 ⇒ 미국 샌디에이고 ⇒ 미국 뮤리에타, 887 km

Guerrero Negro ⇒ Tijuana ⇒ San Diego ⇒ Murrieta, 551 miles (887 km)

멕시코 시날로아주 마사틀란에 위치한 원죄 없는 잉태 대성당 (Cathedral Basilica of the Immaculate Conception). 마사틀란의 역사 지구 중심부에 위치한 주요 종교 건물.

Rancho Grande라는 곳의 photo spot.
'큰 목장'이라는 뜻의 지명

Rancho Grande의 Local market

재회의 파티

10페소를 내고 기다리는 화장실

여행의 끝, 우리 모두의 모습

2025년 9월 5일, 금요일 3 a.m. 대한민국 서울

번쩍하고 눈을 떴다. 잠시 여기가 멕시코인가, 미국인가, 한국인가 혼돈스러워 멍하니 누워있었다. 어젯밤 11시경에 잠들었던 것 같은데 그래도 4시간을 푹 달게 잤다. 습관적으로 오늘의 일정을 떠올려보니, 오후 2시 금요일 바둑 친구들이 오는 날이다. 오랜만에 바둑 친구들을 만날 생각을 하니 기분이 좋아진다. 그동안 친구들도, 바둑도, 일상도 너무나 그리웠다.

주변 사람들 모두가 내게 너무 위험하다며(친구 **봉환**이는 멕시코 전역에 여행 위험 경보가 내렸다며 중단하고 빨리 귀국하라고 했는데), 잘 갔다 오라는 격려보다는 다시 생각해 보라는 권유와 만류를 한가득 쏟아냈던 여행이었다. 그래서, 사실 '강도를 만날 것이라는 각오(?)로' 마음을 굳게 하고 떠난 여행이었다. 무사히 여행을 마친 지금의 나는 그런 용기의 마음을 주신 하느님께, 그리고 꺾이지 않는 마음을 가졌던 과거의 나 자신에게 참으로 감사하다. 내가 여행하는 동안 '걱정'이라는 이름의 사랑으로 함께해 주었던 친구들에게도 감사하다. 희로애락의 매 순간을 누구보다도 완벽하게 함께해 주었던 아내에게도 감사하다. 여행의 출발점과 마침표에서 자신감을 북돋아 주었던 아르만도, 소냐에게도 감사하다. 나의 손과 발과 입이 되어준 호세, 장시간을 차에서 나보다 더 피곤하게 보냈을 반려견 리아와 다니엘, 별 탈 없이 완주해 주어서 감사하다. 심지어 작은 고장 하나 없이 거칠고 척박한 멕시코의 땅을 묵묵히 달려준 나의 BMW 애마에게도 감사하다. 세상에 감사하지 않은 것이 없다. 이번 여행에서 내가 제일 많이 한 말은 "Thank you!"이고 제일 많이 가진 생각과 감정도 감사, 감사 그저 감사였다. **Thank you, Jesus!!**

3년 전에 나는 **알래스카** 로드 트립을 성공적으로 마친 전력이 있다. 그래서 이번 여행도 크게 다르지 않을 거란 남모를 자신감이 있었다. 하지만 나만의 착각이었음을!! 나는

3년 전과는 매우 다르게 이번 여행에서 허리, 무릎, 어깨, 목의 통증으로 힘든 시간을 보냈다. 누구보다도 생활 습관과 식습관이 좋고, 평생 안 해본 운동이 없을 만큼 스포츠 mania였던 나인데도 결국 세월 앞에서는 장사가 없다는 것을 통감했다. 내 인생의 영화롭고 젊었던 한 시점을 사랑하기보다는, **80세**가 되기까지 잘 살아낸 내 인생의 전부를 사랑하고, 이제 나이에 맞게 모든 것을 reset해야겠다고 다짐하게 되었다.

나는 어릴 때부터 지금까지 영어 공부를 꾸준히 해왔다. 뿐만 아니라, 미국에서 영주권자로 살면서 실제 영어권의 언어와 문화를 자연스럽게 체득했다. 그래서 항상 영어 능력 하나만으로도 자신감 있게 세계 곳곳을 불편함 없이 다녔었기에 이번 여행을 앞두고서도 사실 안일하게 생각한 면이 없지 않았다. 그런데 당황스럽게도 멕시코는 거의 영어가 통하지 않는 나라였다. 게다가 스페인어를 잘하는 친구 **조영길 목사**(남미에 오래 살았고 지금은 미국에서 불법 이민자, 홈리스들에게 복음을 전하고 있다)가 갑자기 폐렴에 걸려 이번 여행에 불참하면서 의사소통에 대한 내 부담이 더 커지게 된 것이었다. 이번 여행을 마친 뒤, 나는 스페인어에 관심을 갖기로 했다. 2년 내에 재방문을 할 때는 어느 정도의 스페인어를 구사하여 좀 더 달라진 내 모습을 느끼고 싶다.

살아보니 운동 경기도, 인생도 '**후반전**'에서 승부가 난다. 심지어 연장전은 더 재미있고! 나는 팔순의 무르익은 노익장 선수로, 마지막 순간까지 꿈꾸는 것을 포기하지 않는 꿈의 선수로 남은 경기를 뛸 것이다. 두려움 없이.

나의 여정을 함께해준 독자 여러분들께도 감사드리며…

2편의 끝, 3편의 시작…

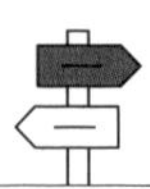

I LOOK **35**

I FEEL **26**

I ACT **19**

WHICH MAKES ME

80

나는
35세처럼 보고
26세처럼 느끼며
19세처럼 행동한다.
그 숫자들을 더하면,
내 나이 80이 된다.

— My 80th birthday card

※ 이 책의 판매금 전액은 Jamaica 한국 꽃동네와
북한 탈출민들을 돕는 단체에 기부됩니다.

Carl, Ria & Daniel의 멕시코 자동차 여행 일기

발행일	2026년 1월 26일
지은이	안광용
발행인	안광용
발행처	(주)진명출판사
편집	김영애, 김영신
제작·영업	박용철
등록	제10-959호(1994년 4월 4일)
주소	서울시 마포구 양화로 156, 1517호(동교동, LG팰리스빌딩)
전화	02-3143-1336, 010-4425-1012(저자)
팩스	02-3143-1053
이메일	jmtax@jinmyong.com
정가	20,000원(USA $20, Canada $20, Mexico 200 peso)

ISBN 978-89-8010-502-1 03980

잘못된 책은 교환해 드립니다.

초중급자를 위한
영어회화 무료 강습 안내

시간

매주 일요일 오후 5시 ~ 6시 50분

장소

(주)진명출판사 사무실

LG팰리스빌딩 1517호

(2호선 홍대입구역 9번 출구 연결 건물)

강사

Carl Ahn

(주)진명출판사 대표이사

미국 영주권자

'착한 영어 시리즈' 12권 공동저자

교재

착한 영어 시리즈, (주)진명출판사

(정가 15,000)

문의

010-4425-1012 (Carl Ahn)

02-3143-1336 (진명출판사 영업부)

77세 한국 젊은이가
버킷 리스트의 완성을 위해
반려견과 함께 떠난
12,777km, 27일간의 자동차 여행!

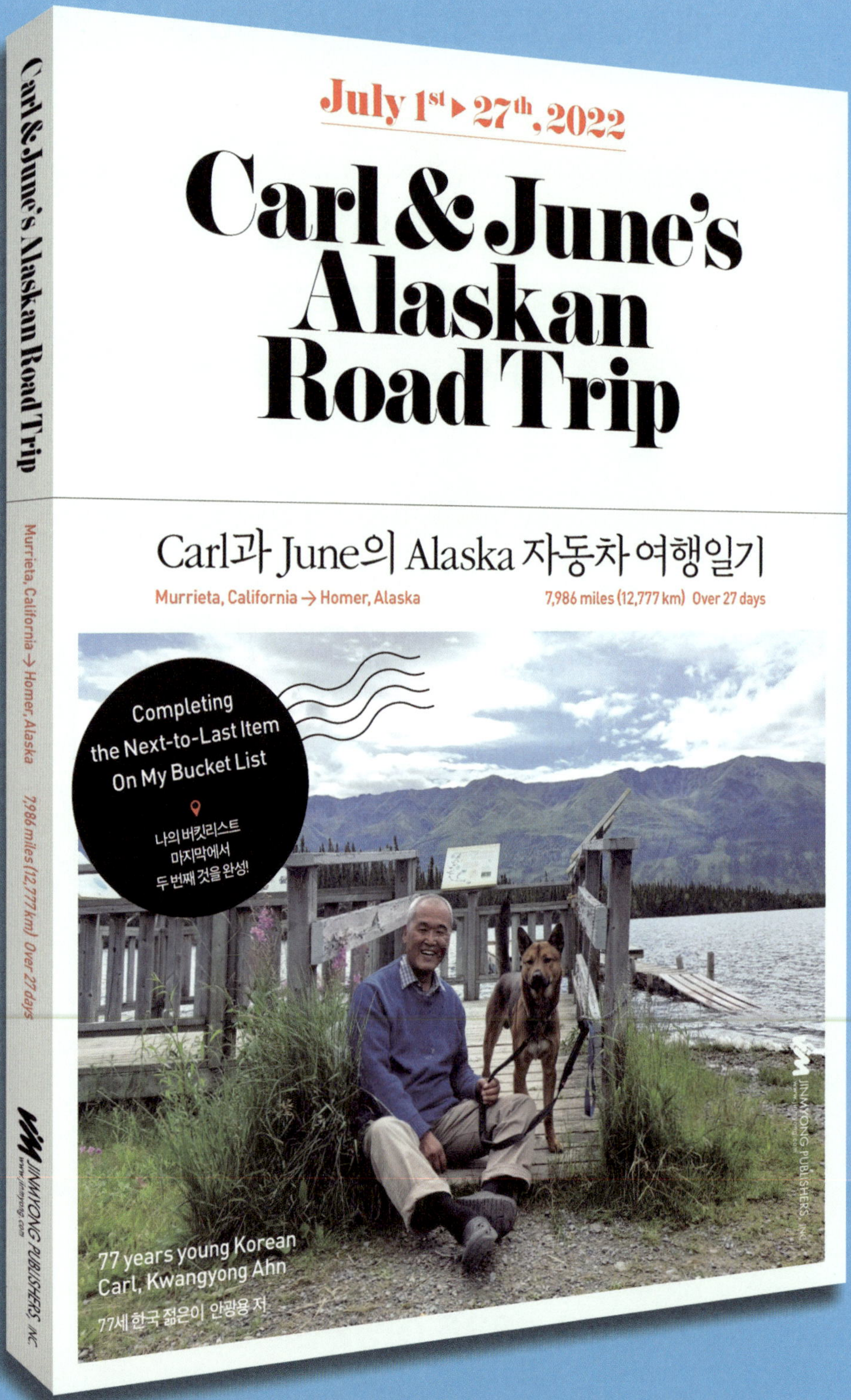

정가 15,000원

틀린 영어 간판을 찾아서
영어 공부를!

토마스와 앤더스의

영어 파파라치!

착한 영어 시리즈 2

도처에 널려있는 한국식 영어 오류들, 누가 좀 고쳐주세요!

- 동네 상점에서 공공기관의 안내문까지, 때론 황당하고 때론 부끄러운 영어실수들
- 간판, 표지판, 홍보물의 오류들로부터 영어를 쉽게 배우는 책!

저자 | Thomas & Anders Frederiksen
번역 | Carl Ahn

(주)진명출판사   www.jinmyong.com

정가 10,000원

한 단어, 두 단어, 세 단어로
구성된 쉬운 생활영어!

착한 영어 시리즈 3

토마스와 앤더스의
착한 123 쉬운 생활영어
착한 영어 시리즈 3
Pure and Simple Easy, Everyday English
한 단어, 두 단어, 세 단어로 말할 수 있는
간단한 표현들!
MP3 파일 무료 다운로드
www.jinmyong.com
저자 | Thomas & Anders Frederiksen
번역 | Carl Ahn
(주)진명출판사

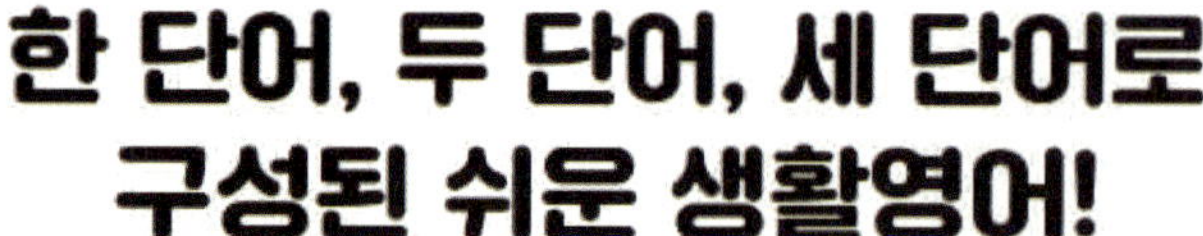

정가 10,000원

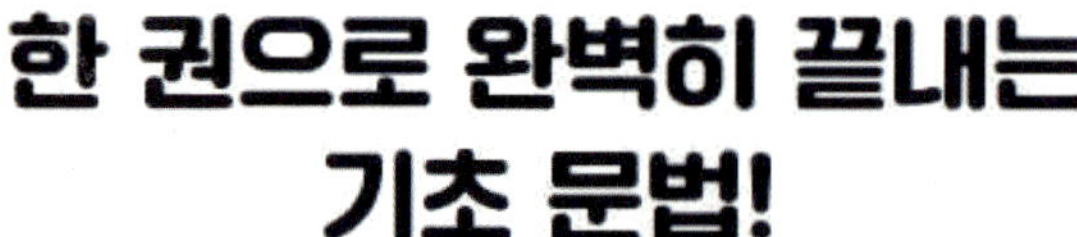

한 권으로 완벽히 끝내는
기초 문법!

정가 13,000원

미국 일상생활에서
많이 사용하는
현장 영어를 알고 싶다면!

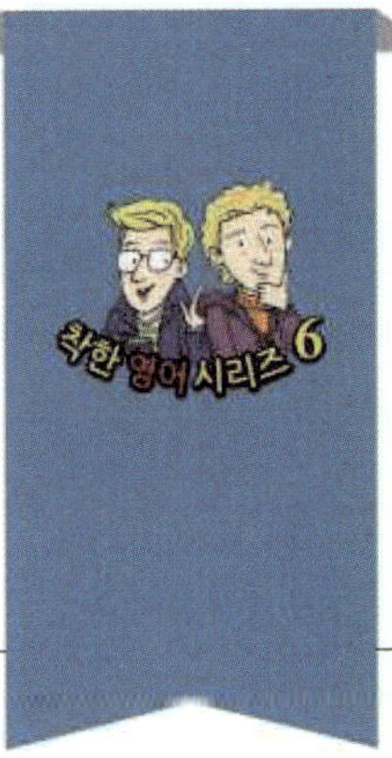

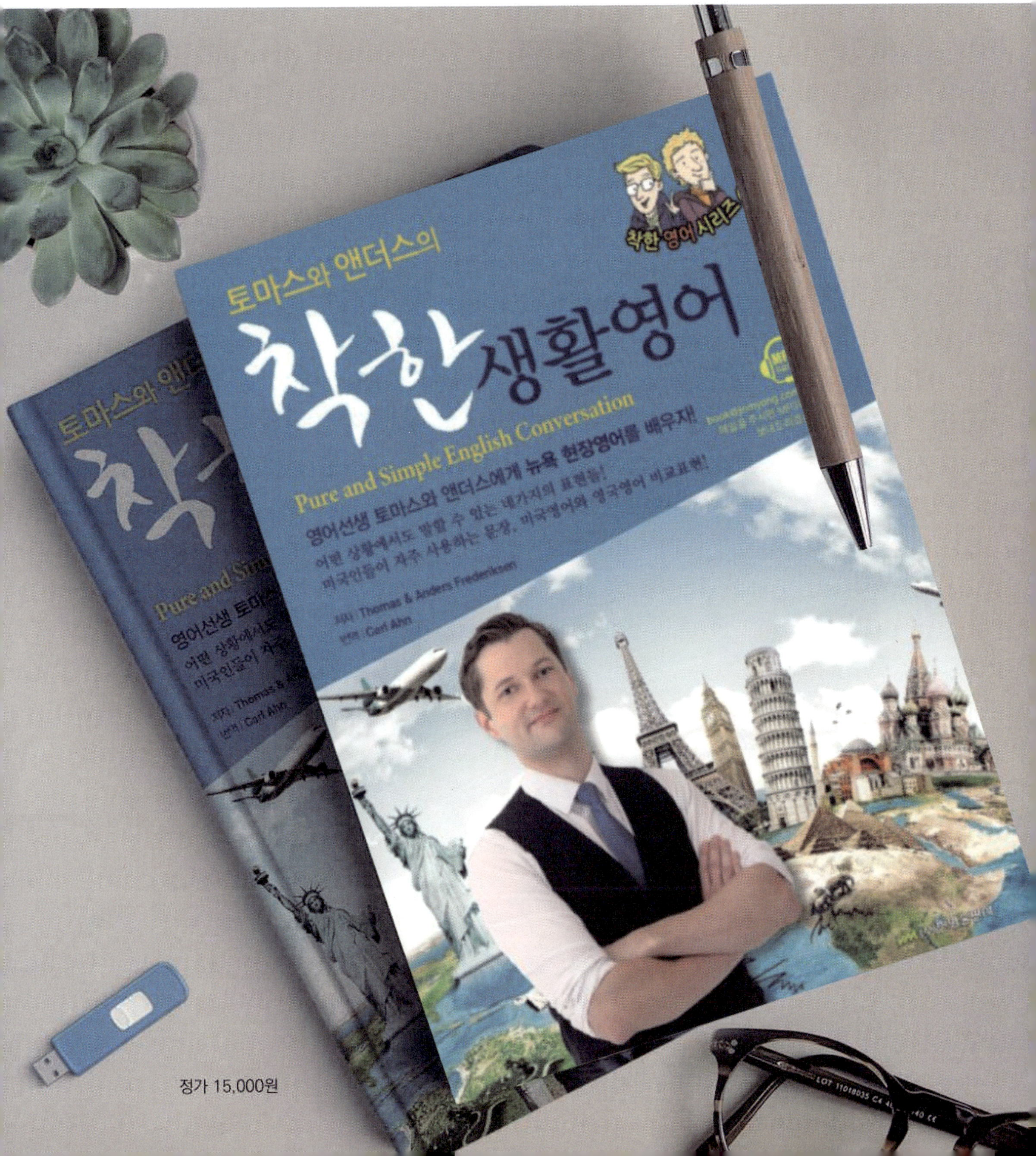

정가 15,000원

독학 · 학원 강의용으로 만든,
매 챕터마다
연습문제와 복습 문제가!

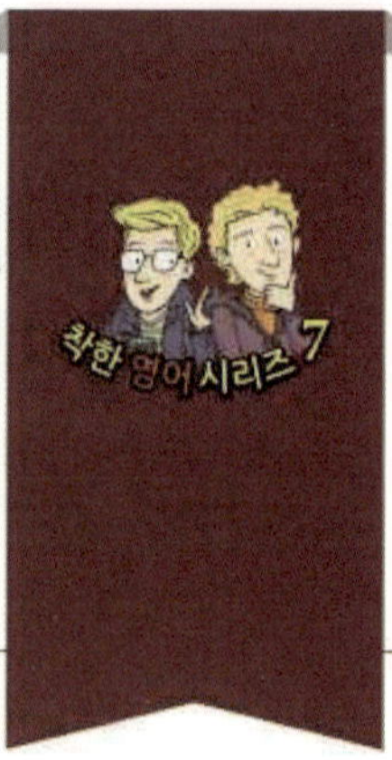

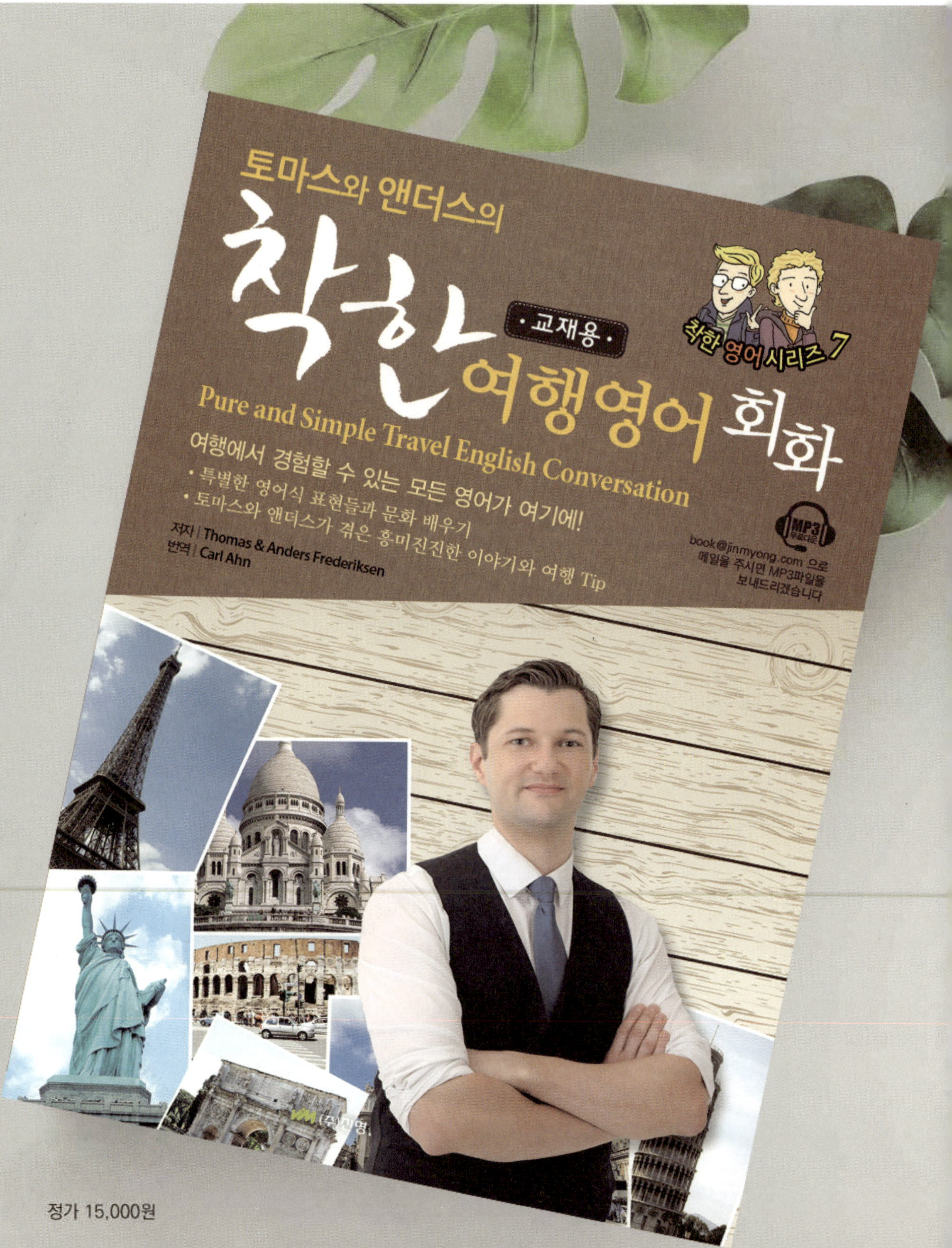

정가 15,000원

초보분들, 초보의 단계를
지나신 분들, 학교를 졸업한 지
몇 십년 지나신 분들을 위한!

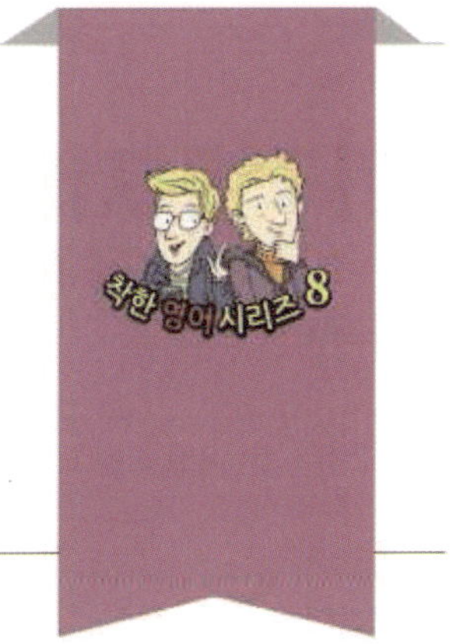

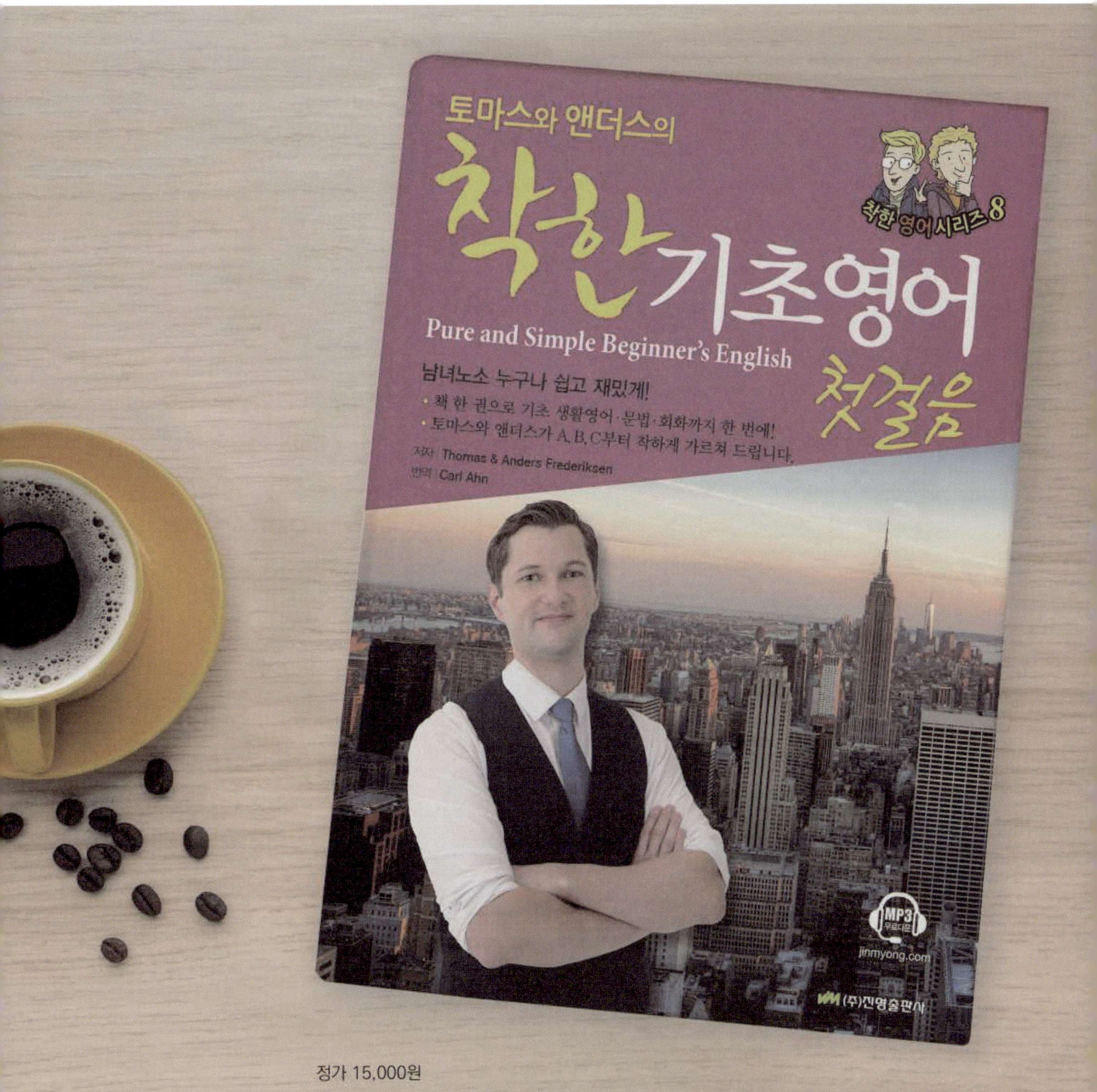

정가 15,000원

미국 현지인들이 즐겨 사용하는 일상언어와 문화!

Jokes! Curses! Idioms! Slang! Culture!

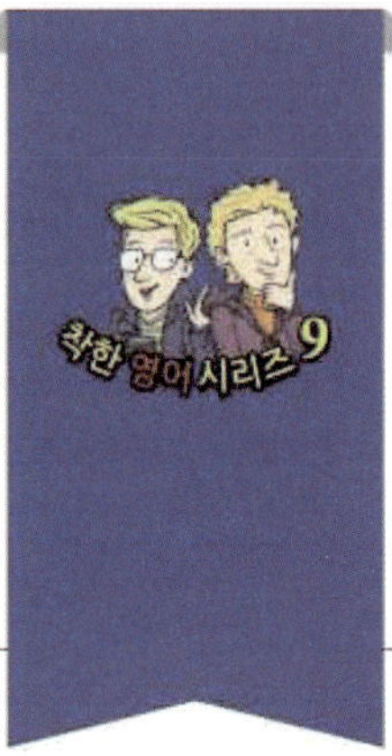

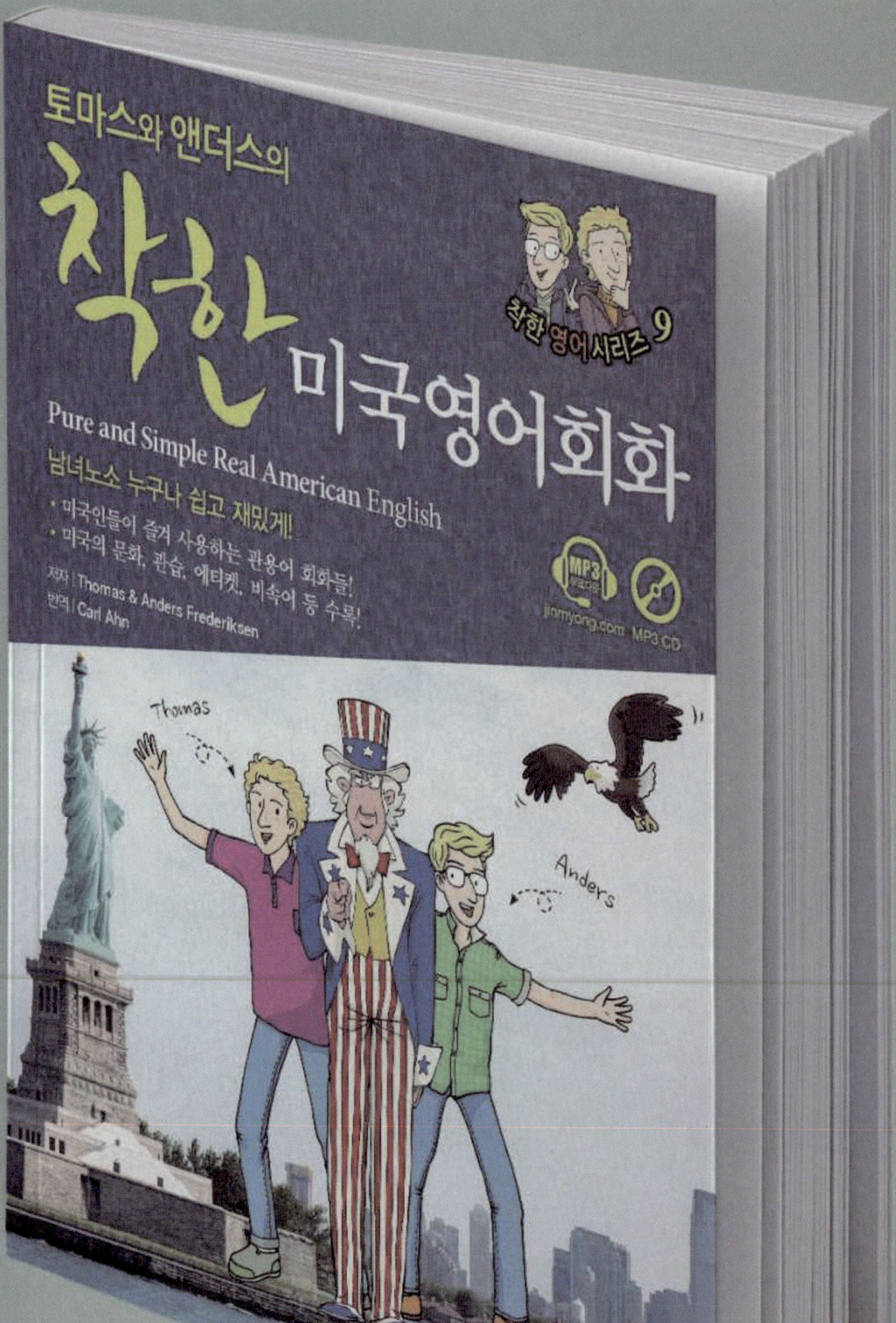

정가 15,000원